Logiche PLC e schermate HMI

per Applicazioni con Orologio Datario

Un approccio pratico per la gestione di tabelle occupazione / irrigazione
con il linguaggio IEC 61131 - 3 Ladder

Rosario Cirrito

RICETTE DI AUTOMAZIONE - Quaderno 4

Diritti d'autore

Tutti i diritti d'autore sono riservati. Nessuna parte di questa pubblicazione può essere riprodotta, memorizzata in un sistema di recupero, o trasmessa, in qualsiasi forma o con qualsiasi mezzo, elettronico, meccanico, fotocopie, registrazione o altro, senza la preventiva autorizzazione dell'autore.

È stato fatto ogni sforzo per rendere questo libro il più accurato possibile, tuttavia, potrebbero esserci errori, sia di battitura che tipografici. Questo contenuto dovrebbe essere usato come guida, essendo il risultato di una trentennale esperienza dell'autore come progettista e sviluppatore di sistemi PLC - HMI - SCADA.

Suggerimenti, commenti e richieste di spiegazioni o di maggiori dettagli sono i benvenuti; per favore inviateli all'indirizzo mail: author.rosario.cirrito@gmail.com.

Nota: questo libro contiene molte immagini. Poiché gli eReader non sempre sanno visualizzare bene le immagini, vorrei fornirvi il file PDF che contiene questo libro in modo che le immagini siano più facilmente visualizzabili. Per ricevere la versione PDF di questo libro, basta inviare una email di richiesta a author.rosario.cirrito@gmail.com allegando la dimostrazione di acquisto della versione kindle del libro presso Amazon. La versione PDF sarà inviata via email, in risposta, alla vostra casella di posta elettronica. In maniera analoga è possibile ottenere il file sorgente nonché il listato integrale dell'esempio concreto inviando una richiesta con le stesse modalità sopra-enunciate.

Codice ISBN: 9781983268816

Casa editrice: Independently published

prima edizione: 25/06/2018

seconda edizione 06/05/2020

Sinossi

Questo quaderno è il quarto di una collezione di ricette di automazione rivolte a studenti, periti tecnici ed ingegneri, in possesso di conoscenze elementari della programmazione con il binomio PLC-HMI, desiderosi di apprendere tecniche avanzate di automazione impianti.

Nel settore informatico i programmatori sono abituati da tempo ad adottare, il più possibile, i "Design Patterns", soluzioni efficienti e ultra-collaudate per problematiche di sviluppo ricorrenti. L'utilizzo di tali pratiche, che a tutti gli effetti possono essere considerate delle "best-practice" permette di ridurre di molto sia i tempi di sviluppo che quelli di test. In questo contesto, per una più agevole comprensione da parte del lettore italiano, si è preferito sostituire il termine "design pattern" con l'espressione "ricetta di automazione", pur rimanendo identiche le finalità di fondo: correttezza, efficienza e funzionalità.

Nel primo quaderno è stata trattata la automazione dei motori elettrici; nel secondo quella dei sensori 4-20 mA; nel terzo quaderno quella dei sequenziatori gemellare e parallelo.

Questo quarto quaderno si occupa in maniera esaustiva di strategie di gestione che si basano sull'orologio datario interno del PLC.

Questo ultimo permette, in primo luogo, di generare agevolmente dei trigger temporali, al fine di schedulare attività di totalizzazione o rapportistica su base oraria, giornaliera, mensile e annuale.

Un secondo utilizzo, molto frequente nel caso di stipula di contratti di energia elettrica con tariffe multiorarie, è l'avviamento selettivo delle utenze distinguendo tra i giorni feriali, il sabato e la domenica ovvero all'interno dello stesso giorno configurando fasce orarie differenziate di avviamento.

Una terza applicazione è la abilitazione oraria degli impianti di climatizzazione estiva / invernale secondo tabelle di occupazione giornaliere / settimanali per edifici commerciali e residenziali. Questo stesso tipo di logica può essere esteso per arrestare le celle frigorifere negli orari di più intenso carico di prodotto.

Per ultimo l'orologio datario permette di programmare la frequenza di irrigazione delle varie coltivazioni di una stessa azienda in base al giorno della settimana.

L'utilizzo avanzato delle funzioni dell'orologio datario risulta quindi essere in qualche modo "trasversale" alle varie tipologie di impianti tecnologici.

In dettaglio il primo capitolo del quaderno è dedicato al dominio applicativo ed illustra l'orologio datario e le tabelle di occupazione o di irrigazione.

Nella seconda sezione si entra nel vivo della programmazione PLC-HMI. Vengono mostrate la struttura modulare del programma applicativo, secondo lo standard IEC 61131-3, la mappatura interna nella memoria del PLC dei vari tipi di variabili utilizzate e si passa poi alla programmazione con l'analisi delle logiche della subroutine RTC (Real Time Clock) e quella dei blocchi funzione (UDFB), TimeValidator, Load1Enable, DayOfWeekEnabled, Zone, Load3Enable, e Room e le relative schermate di visualizzazione, di monitoraggio locale e di impostazione dei parametri di configurazione.

La terza sezione mostra, infine, l'applicazione dei concetti sviluppati in due casi concreti: il controllo di un impianto di irrigazione e quello del circuito secondario di un impianto di riscaldamento.

La quarta sezione conclude il tutto con una breve presentazione degli altri cinque quaderni che compongono la collana.

Tutte le logiche pubblicate nel quaderno sono state sviluppate usando il linguaggio standard IEC61131-3 Ladder per facilitarne l'utilizzo, pur con qualche piccola modifica di terminologia, su tutti i moderni PLC.

Indice generale

Diritti d'autore..2

Sinossi..3

1. Il dominio applicativo...6

    1.1 L'orologio datario..7

    1.2 Le tabelle di occupazione/irrigazione 8

2. Lo sviluppo PLC - HMI...9

    2.1 La programmazione modulare e la mappatura della memoria........................10

    2.2 La subroutine RTC..14

    2.3 Il blocco funzione TimeValidator...21

    2.4 Il blocco funzione Load1Enable...23

    2.5 Il blocco funzione DayOfWeekEnabled..25

    2.6 Il blocco funzione Zone...27

    2.7 Il blocco funzione Load3Enable...37

    2.8 Il blocco funzione Room..39

3. Gli esempi concreti..47

    3.1 Utilizzo in un impianto di irrigazione..48

    3.2 Utilizzo in un impianto di riscaldamento..50

4. Conclusioni..53

1. Il dominio applicativo

1.1 L'orologio datario

Una innovazione particolarmente interessante introdotta dall'utilizzo del PLC rispetto ai sistemi a logica cablata, è la gestione avanzate di date e orari.

L'orologio - datario interno del PLC permette di generare agevolmente dei trigger in coincidenza di intervalli temporali corrispondenti ad ogni minuto, ad ogni 5 minuti, ad ogni quarto d'ora, ad ogni ora, ad ogni giorno, ad ogni mese, ad ogni anno. Questi trigger vengono resi disponibili alle altre routine del programma applicativo in modo da schedulare attività di totalizzazione e rapportistica su base oraria, giornaliera, mensile e annuale.

La variabile di sistema "giorno della settimana" permette inoltre di gestire logiche di controllo differenziate, a secondo che il giorno in questione sia compreso tra i giorni feriali da lun a ven, o sia sabato piuttosto che domenica. All'interno del giorno possono poi essere configurate fasce orarie differenziate. Questa possibilità è molto importante nel caso di sistemi intelligenti di gestione dell'energia elettrica in tariffa multioraria. Questi sistemi hanno sovente la necessità di "modulare" i carichi elettrici non prioritari della propria utenza al fine di non superare determinati limiti di potenza impegnata contrattualmente nelle singole fasce.

Possiamo in conclusione sostenere che qualsiasi tipo di gestione e contabilizzazione di energie siano esse elettriche che termiche non può fare a meno dei trigger temporali offerti dalla subroutine RTC (Real Time Clock).

1.2 Le tabelle di occupazione/irrigazione

Le tabelle di occupazione sono tipicamente usate per gestire l'avvio/arresto degli impianti di climatizzazione nel settore dell'edilizia residenziale. Se l'impianto è di tipo idronico si può prevedere di far "pilotare" il sequenziatore di ciascun gruppo di pompe gemellari, poste sul collettore dell'anello secondario, (vedi quaderno n.3 della collana) dalla flag in uscita del blocco funzionale che gestisce la tabella di occupazione per quella specifica utenza.

Possono essere previste da due a tre fasce orarie giornaliere in modo da poter ottenere un controllo molto preciso degli orari di effettivo utilizzo degli impianti.

Estendendo il concetto delle tabelle di occupazione è possibile utilizzare la stessa logica per l'avvio/arresto delle celle frigorifere in orari di particolare traffico di carico/scarico di prodotto in cella.

Similmente si può utilizzare questo tipo di logica anche per gestire la durata e la frequenza di irrigazione sia all'interno del giorno che della settimana.

Questo tipo di ricetta ha quindi un utilizzo generalizzato, in qualche modo "trasversale" alle varie tipologie di impianti tecnologici.

2. Lo sviluppo PLC - HMI

2.1 La programmazione modulare e la mappatura della memoria

Abbiamo visto come sia necessario istruire il PLC sulle strategie di controllo che desideriamo implementare. A tal fine si utilizzano dei veri e propri linguaggi ed ambienti di programmazione espressamente sviluppati per il PLC e più o meno aderenti allo standard di sviluppo IEC 61131-3. Questo standard è stato sviluppato per garantire una certa portabilità nei programmi tra PLC di diversi fornitori. Il suo maggior pregio consiste nell'essere orientato allo sviluppo modulare dell'applicazione permettendo che la logica complessiva venga frazionata in sottoprogrammi richiamati ciclicamente da un unico programma principale. I singoli sottoprogrammi possono a loro volta richiamare dei blocchi funzione standard previsti dal linguaggio o addirittura blocchi funzione UDFB, acronimo di User Defined Function Block, espressamente sviluppati dall'utente. I blocchi funzione hanno la caratteristica di poter essere parametrizzati per quanto riguarda le variabili di ingresso ed uscita; questo permette il loro "richiamo" per istanze multiple di oggetti appartenenti allo stesso impianto. Approfondiremo questo importante concetto nei paragrafi successivi.

Per la programmazione dei sottoprogrammi e dei blocchi funzione lo standard prevede che si possa utilizzare uno dei cinque linguaggi sotto-elencati:

1) Ladder Diagram (LD)

2) Instruction List (IL)

3) Function Block Diagram (FBD)

4) Structured Text (ST)

5) Sequential Function Chart (SFC).

La scelta è dettata da preferenze personali o dal background professionale specifico del programmatore.

La scomposizione modulare della applicazione è ben visibile nella figura 2.1.1 che mostra la struttura dei vari componenti del progetto esempio di questo libro, realizzato con l'ambiente Horner CScape. Sono visibili un unico programma main, un insieme di sei Subroutine Module ed una serie di due blocchi funzione UDFB definiti dall'utente.

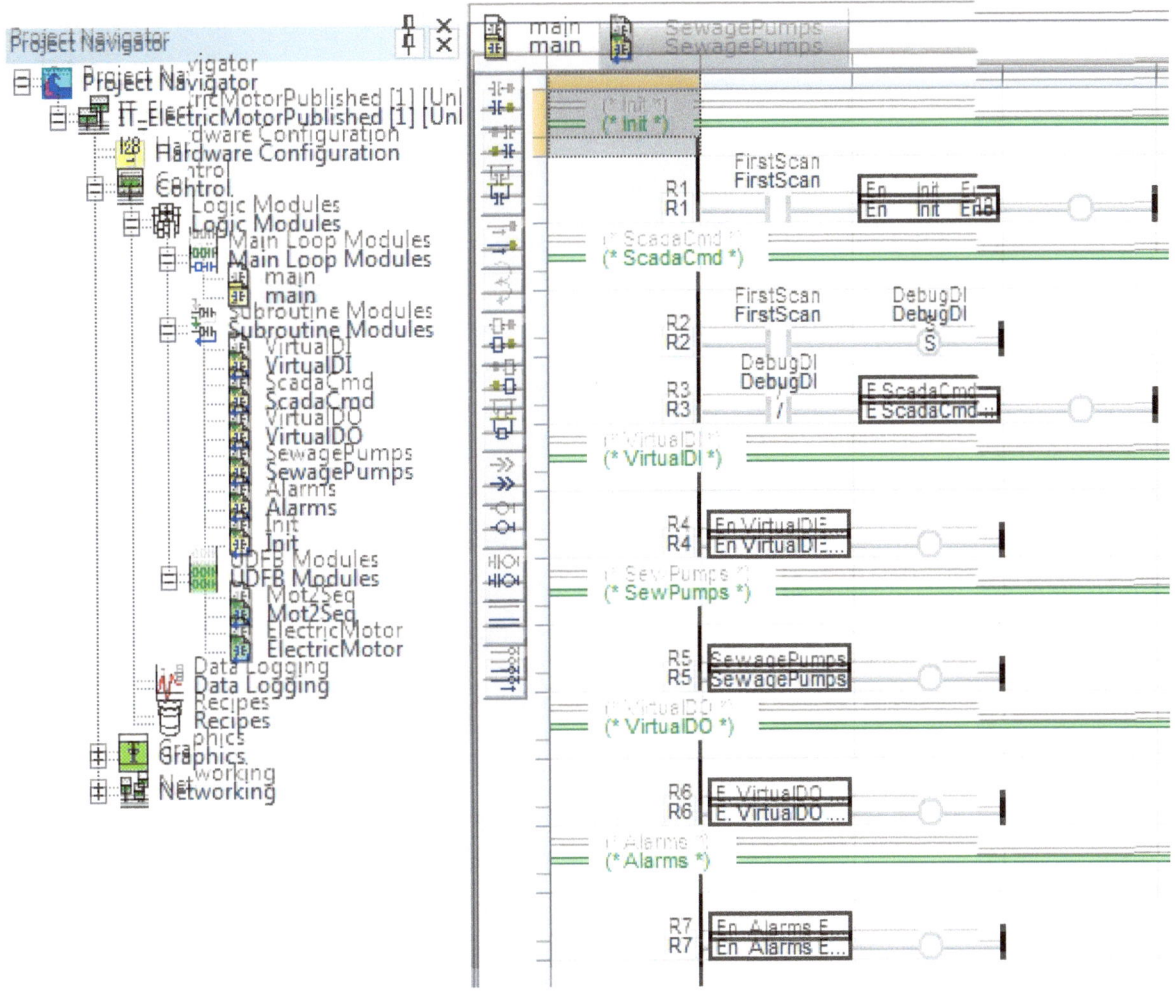

La logica di controllo è quindi contenuta in una serie di "Logic Modules".

Riepilogando, al vertice della gerarchia dei moduli abbiamo i Main Loop Modules che contengono almeno un modulo principale main, che viene eseguito ciclicamente. Il main richiama in sequenza, uno alla volta, i vari "Subroutine Modules" che a loro volta possono richiamare, più volte anche se con parametri diversi, i moduli funzione. Questi ultimi possono essere sia i blocchi funzione standard, già forniti dal linguaggio per le istruzioni logiche di utilizzo generale, sia i blocchi specifici definiti dall'utente, gli "UDFB Modules".

Il programma principale "main" manda in esecuzione ciclicamente e sequenzialmente le subroutine Init, ScadaCmd, VirtualDI, SewagePumps, VirtualDO, e Alarms. La subroutine SewagePumps, al momento in cui viene mandata in esecuzione, provvede a richiamare una istanza del blocco funzione Mot2Seq e due istanze del blocco funzione ElectricMotor che è l'oggetto del presente quaderno.

Tutte le subroutine ed i blocchi funzione sopra menzionati saranno analizzati nel dettaglio nei prossimi capitoli.

Ricordiamo che sia la logica di controllo del PLC che quella di visualizzazione HMI viene comunque sviluppata su PC, in apposito ambiente Windows, e che il relativo file sorgente viene salvato sul disco rigido del PC.

Prima di procedere con l'analisi del software applicativo è bene fare un breve riepilogo sull'utilizzo della memoria interna del PLC per memorizzare le variabili di processo. Qualunque sia l'hardware utilizzato, PC o PLC, si ha sempre bisogno di memorie di lavoro RAM sia per memorizzare le istruzioni del programma che per salvare ad ogni ciclo di scansione i dati delle variabili dinamiche. Il PC dei giorni nostri dispone generalmente di una memoria RAM da 4-8 GByte mentre al PLC bastano memorie molto più modeste, da 256 kB a 1MB per memorizzare logiche di controllo di impianti anche particolarmente complessi oltre che qualche migliaio di variabili interne.

I linguaggi ad alto livello del PC utilizzano variabili primitive di tipo Short, Byte, Integer, Long, Float, Double che occupano da 8 a 64 bit di memoria; il tipo dati più frequentemente usato dal PLC è invece il registro (%R) composto da 16 bit. Avendo a disposizione 16 bit in totale, in un singolo registro possono essere rappresentati, grazie al sistema di numerazione binario, numeri interi con segno compresi tra -32768 e + 32767 o senza segno nell'intervallo 0 e 65365.

Quando si ha la necessità di rappresentare numeri interi di valore più elevato si fa ricorso ad una rappresentazione a 32 bit ottenuta utilizzando due registri a 16 bit adiacenti.

Anche eventuali numeri reali vengono memorizzati utilizzando i 32 bit di due registri affiancati. Vale anche in questo caso l'osservazione fatta precedentemente. In pratica se si osserva che un variabile dato a 32 bit mostra valori sconclusionati ci si deve affrettare a verificare che il secondo registro non sia utilizzato altrove da variabili a 16 bit.

Un registro a 16 bit può anche essere utilizzato per aggregare lo stato binario di bit logici, ciascuno dei quali occupa un bit, in gruppi di 16. Questa soluzione di memorizzazione risulta particolarmente compatta ed efficiente soprattutto quando queste variabili vanno trasmesse ai sistemi Scada o trasferite in rete da un PLC all'altro.

I singoli bit delle variabili booleane diventano quindi accessibili singolarmente, sia in lettura che scrittura, all'indirizzo %Rx.y con x, indice del registro, e y indice del bit, compreso tra 1 e 16: es %R1.5 indicherà il bit 5 del registro 1. I valori binari booleani associabili ad un bit singolo possono comunque essere memorizzati oltre che sotto forma di bit appartenenti ad un registro anche come variabili ritentive di tipo %M o non ritentive di tipo %T.

Oltre che per memorizzare numeri interi, numeri reali e compattare bit singoli i registri %R sono utilizzati anche per memorizzare enumerazioni di stati di macchinari e sensori da associare a stringhe di testo predefinite nelle schermate dell'interfaccia HMI. Mostreremo un tale utilizzo quando ci occuperemo della visualizzazione di testi dinamici nel pannello HMI.

Una rappresentazione in memoria di una variabile fisica, acquisita in tempo reale, è, per esempio, una pressione che in un certo momento assume un valore pari a 8,95 bar. In questo caso possiamo rappresentarla o come valore reale a 32 bit, utilizzando due registri consecutivi ad esempio %R201 e d %R202; o come valore intero, pari a 895, con occupazione di un solo registro a 16 bit, ad esempio %R200.

Questa seconda modalità consente di memorizzare i dati reali in metà spazio, il che è importante soprattutto quando gli stessi devono essere inviati ad un sistema di supervisione o ad un altro controllore lungo una linea seriale non troppo veloce; ma questo approccio ha l'inconveniente che bisogna gestire da programma e da pannello operatore il corretto formato di rappresentazione - visualizzazione tenendo sempre a mente quante sono le cifre decimali da tenere in considerazione.

Un esempio di registro che contiene una enumerazione di testi dinamici è invece costituito dal registro di stato di una elettropompa il cui valore può variare in tempo reale all'interno di un certo insieme di stati logici precodificati in forma tabellare all'interno del dispositivo HMI, come mostrato in figura 2.1.2.

Value	Text
0	???
1	ON
3	ON_SEL
4	OFF
5	REM_0
6	LOC_0
18	ALARM
32	INHIBIT
64	INTERD
130	FDBACK

I valori interi riportati nella colonna Value corrispondono agli stati logici riportati nella colonna Text. Questi ultimi risultano pertanto visualizzabili in un campo di tipo testo nelle pagine grafiche del pannello operatore associato al PLC.

2.2 La subroutine RTC

Motivazioni

La subroutine RTC, Real Time Clock, è una subroutine di servizio con due funzioni principali:

1) ricombinare i registri di sistema, relativi all'orologio - datario interno del PLC, in registri utente più comodi da usare;

2) generare dei trigger temporali in coincidenza di ogni minuto, ogni 5 min, ogni 15 min, ogni giorno, ogni mese, ogni anno. Questi trigger vengono resi disponibili alle altre subroutine del programma applicativo per schedulare attività di totalizzazione e rapportistica su base oraria, giornaliera, mensile e annuale.

La logica PLC

I registri interni dell'orologio datario vengono associate ad opportune variabili globali come mostrato in figura 2.2.1

```
RTC_date    INT    %SR47
RTC_day     INT    %SR50
RTC_hour    INT    %SR46
RTC_min     INT    %SR45
RTC_mon     INT    %SR48
RTC_sec     INT    %SR44
RTC_year    INT    %SR49
```

Le variabili della subroutine sono definite tutte come variabili di uscita come mostrato in figura 2.2.2

```
fDD01    BOOL    OUT
fHH01    BOOL    OUT
fMin1    BOOL    OUT
fMin5    BOOL    OUT
fMin15   BOOL    OUT
fMM01    BOOL    OUT
fSec1    BOOL    OUT
fYY01    BOOL    OUT
iDay     INT     OUT
iDow     INT     OUT
idxDay   INT     OUT
iHHMM    INT     OUT
iHour    INT     OUT
iMin     INT     OUT
iMODD    INT     OUT
iMonth   INT     OUT
iSec     INT     OUT
iYear    INT     OUT
```

Le prime 7 righe della logica ricopiano i registri di sistema dell'orologio datario su altrettanti registri utente, come mostrato in figura 2.2.3:

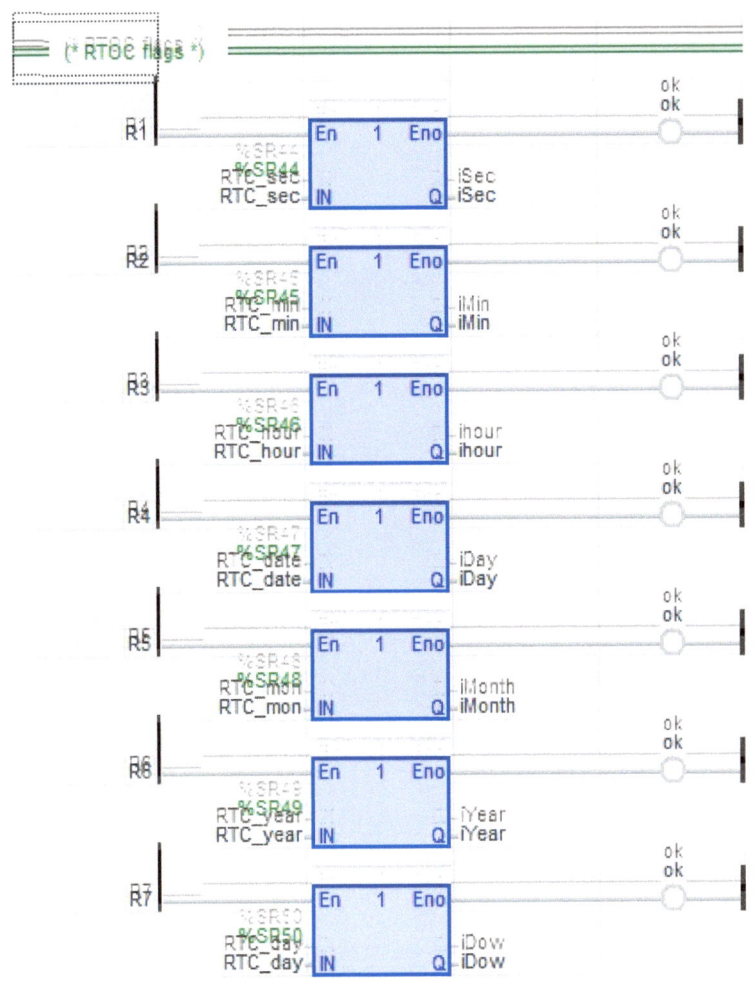

Le righe R8 ed R9 costruiscono un registro che contiene sequenzialmente ore e minuti. Ad esempio le 15:23 diventano 1523.

Le righe R10 ed R11 fanno la stessa cosa con il mese ed il giorno, come mostrato in figura 2.2.4:

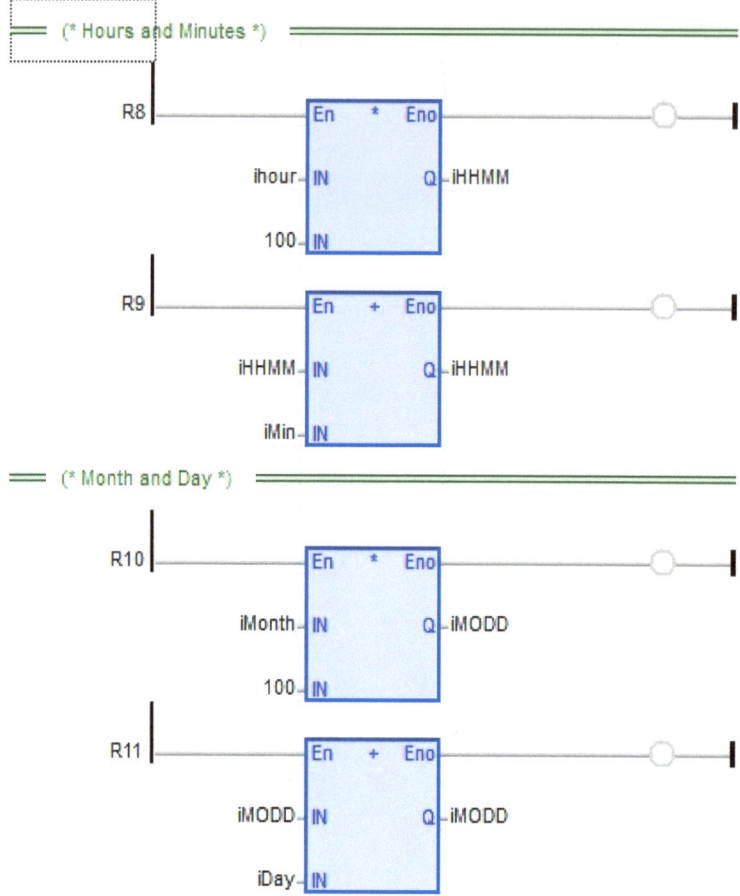

Le righe da R12 a R19 creano dei trigger che rimangono On solo per un ciclo grazie alla istruzione di uscita impulsiva.

Nel dettaglio la riga R12 utilizza la flag di sistema T_SEC associata a %S5 per attivare il trigger fSec1 ad ogni secondo.

La riga R13 attiva il trigger fMin1 ogni volta che i secondi diventano 0. A tal fine viene utilizzato il blocco funzionale standard per il confronto tra registri. Se il controllo dà esito positivo la flag fMin1 viene settata per un ciclo di scansione del PLC.

La riga R14 genera un trigger ogni 5 min prendendo il resto della divisione per 5, (utilizzando il blocco funzionale standard Modulo) del valore dei minuti e confrontando successivamente tale valore con 0.

La riga R15 genera allo stesso modo un trigger ogni 15 min.

Le righe R16 e R17 generano i trigger relativi al cambio di ora e di giorno quando si annullano i registri dei minuti e delle ore.

Le righe R18 e R19 generano i trigger relativi al cambio di mese e di anno rispettivamente quando il giorno del mese diventa il primo e quando sia il giorno che il mese diventano uguali ad 1, come mostrato in figura 2.2.5.

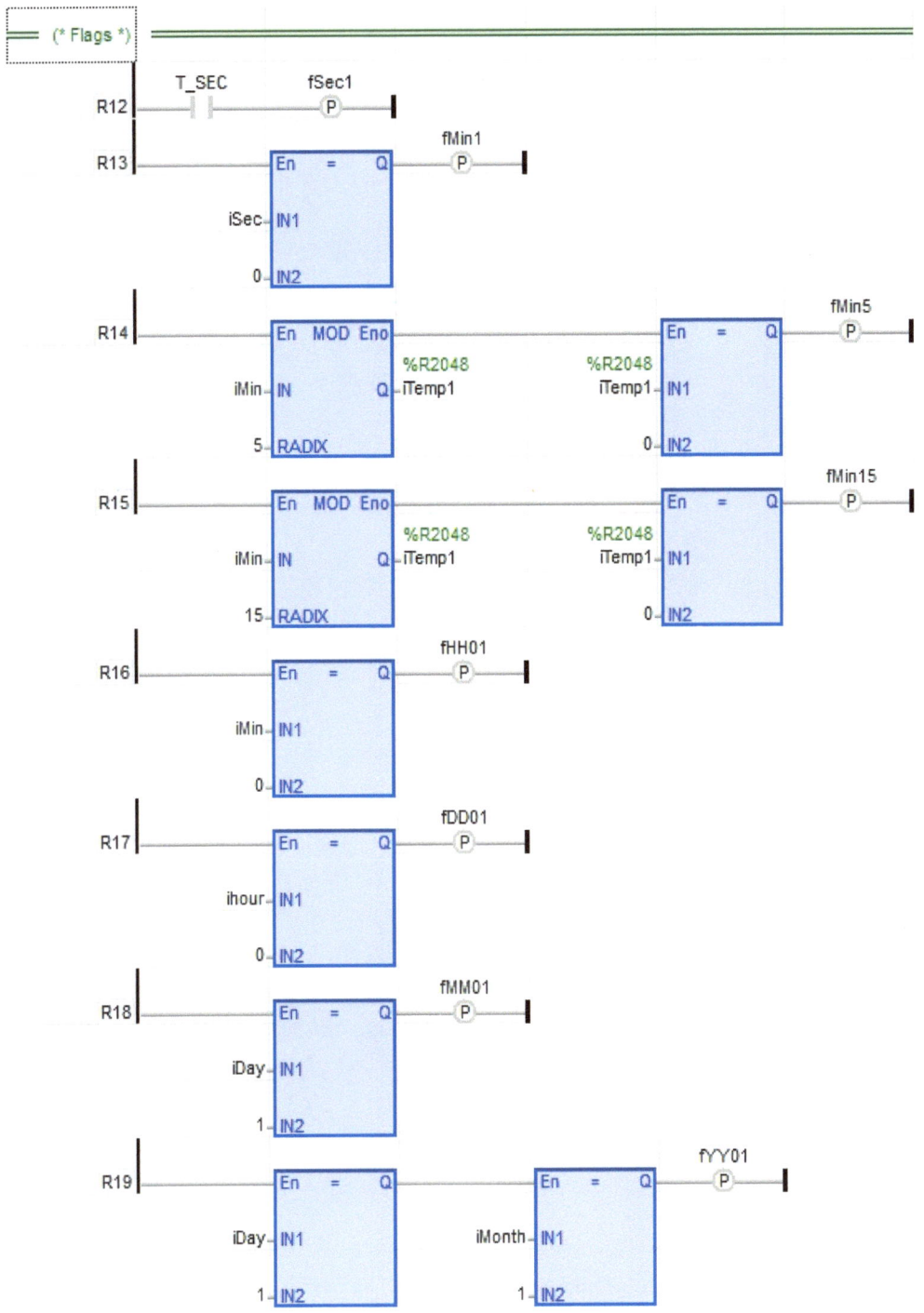

Il richiamo dal main

La riga R16 del programma main richiama RTC incondizionatamente, come mostrato in figura 2.2.6. Le variabili di uscita vengono associate a variabili globali del PLC.

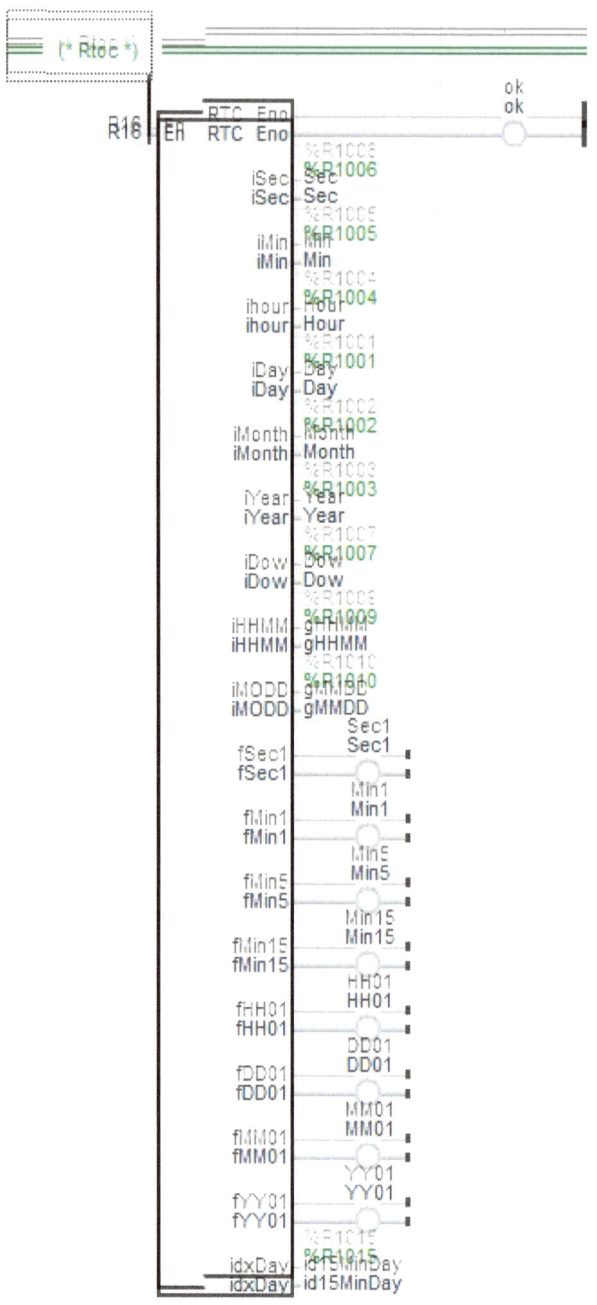

L'interfaccia HMI

La data e l'ora vengono generalmente visualizzate nella pagina di menu iniziale utilizzando il controllo grafico di tipo TimeData come mostrato in figura 2.2.7:

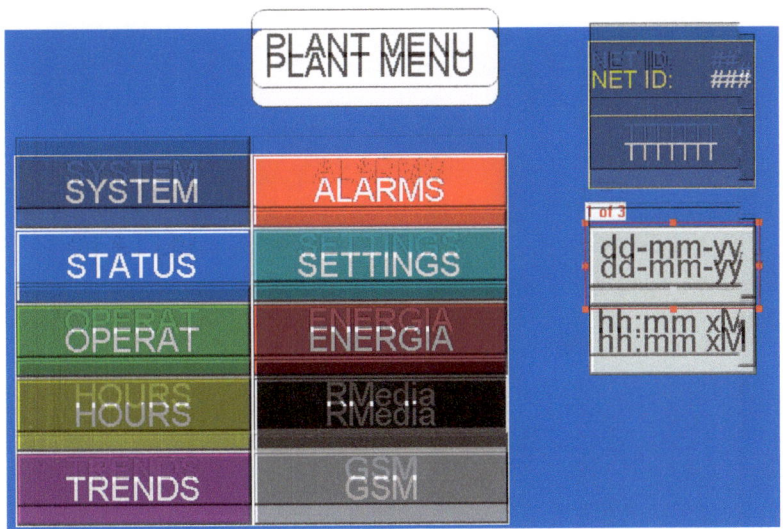

Il campo data viene associato alla variabile RTC_date e la sua formattazione viene definita nella tendina a scorrimento posta inferiormente come mostrato in figura 2.2.8: il campo è editabile il che consente all'operatore di variare la data interna dell'orologio del PLC direttamente dal tastierino HMI:

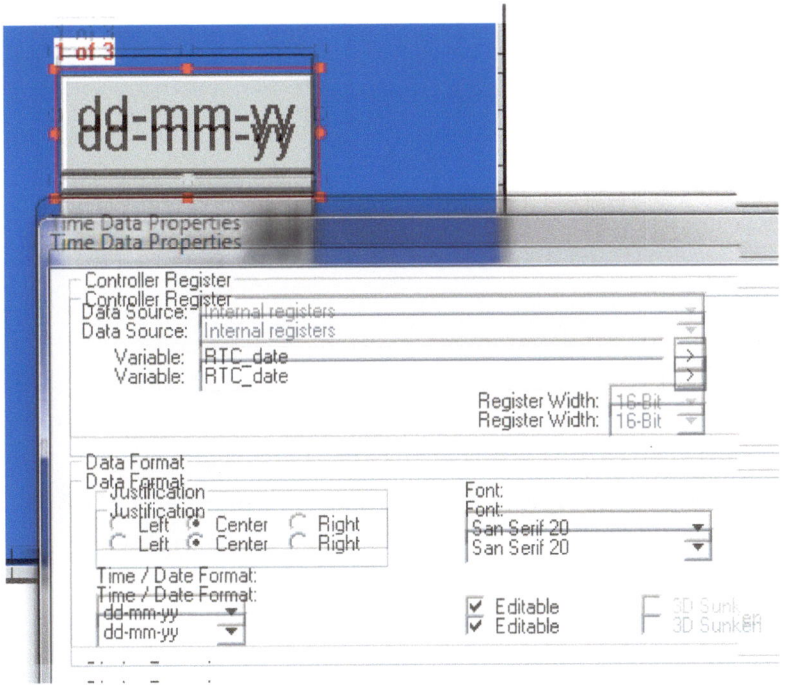

In maniera viene impostata la variabile tempo come mostrato in figura 2.2.9

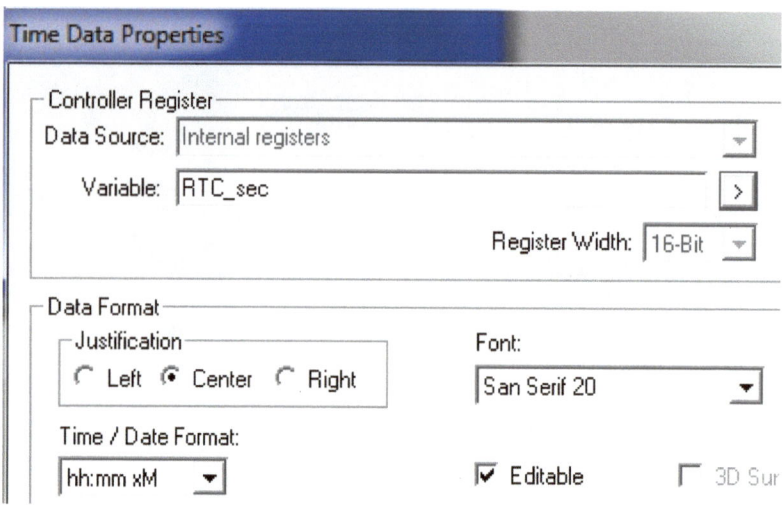

La analisi della subroutine RTC è così completata.

2.3 Il blocco funzione TimeValidator

Motivazioni

Gli orari inseriti tramite il tastierino HMI dovrebbero già essere nel formato corretto. Le funzioni HMI di immissione delle ore dovrebbero inibire valori interi non compresi tra 0 e 23 così come quelle dei minuti dovrebbero permette solo valori comresi tra 0 e 59.

Vi è tuttavia la possibilità che tali valori giungano dall'esterno, ad esempio da un sistema Scada, per cui è bene comunque poter disporre di un blocco funzionale in grado di filtrare solo valori corretti. Il blocco funzione in questione ha nome TimeValidator.

Logica PLC

Il blocco funzionale prevede due registri interi in ingresso, regHour e regMin, contenenti rispettivamente l'ora ed i minuti da validare ed un registro di uscita outHHMM che contiene il valore di orario validato e compresso, per motivi di efficienza, in un unico registro, come mostrato in figura 2.3.1.

```
□ FB TimeValidator
    regHour      INT       IN
    regMin       INT       IN
    outHHMM      INT       OUT
    validHH      BOOL
    validMin     BOOL
```

La logica è abbastanza semplice. Il registro in uscita viene preimpostato a 0 nella riga R1. Le due righe successive testano rispettivamente il registro delle ore e quello dei minuti. Se i valore sono validi si impostano le flag interne validHH e validmin come mostrato in figura 2.3.2.

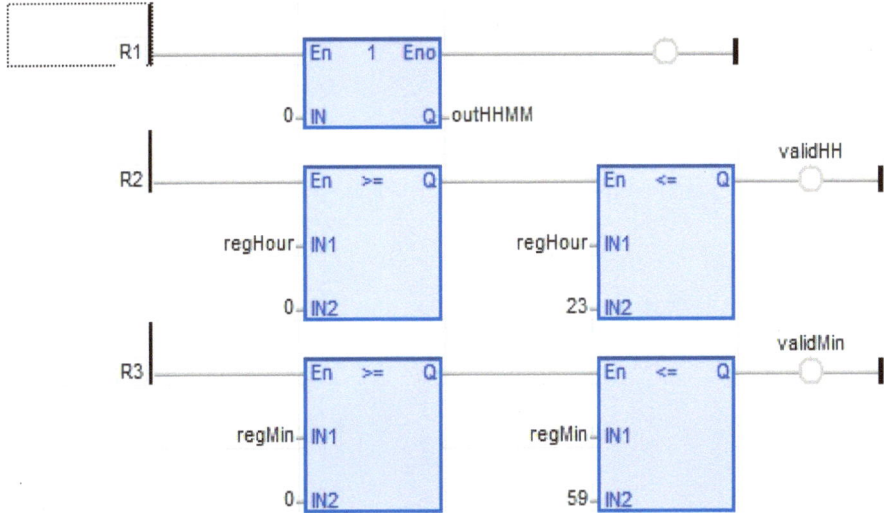

L'ultima riga R4 provvede a compattare ora e minuti in un unico registro se entrambe le flag precedenti sono attive, come mostrato in figura 2.3.3.

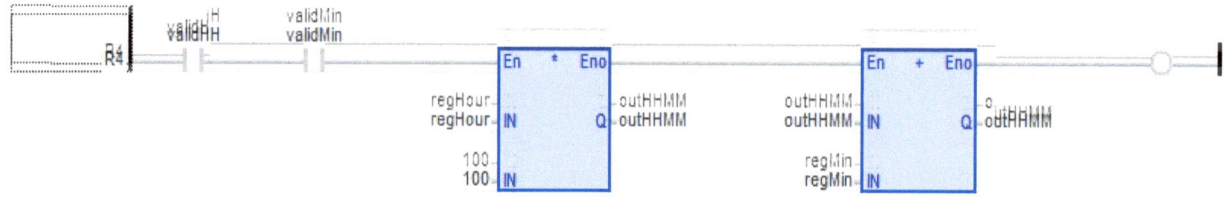

2.4 Il blocco funzione Load1Enable

Motivazioni

Il blocco funzione Load1Enable permette di impostare l'avvio di una certa utenza all'interno di intervalli temporali definiti per uno stesso giorno (esempio dalle 6:30 alle 15:00) e perfino a cavallo della mezzanotte e quindi con inizio nella sera di un giorno e fine al mattino del giorno successivo (esempio dalle 21:30 alle 6:00).

Logica PLC

Le variabili del blocco sono riportate nella tabella sottostante (fig. 2.4.1):

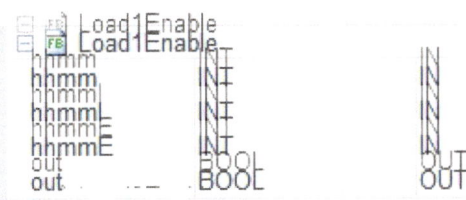

In totale si utilizzano tre registri di ingresso: hhmm che contiene il valore attuale di tempo, con ore e minuti compressi in un unico registro, proveniente dalla subroutine RTC; hhmmI che contiene il valore iniziale dell'intervallo temporale e hhmmE che contiene il valore finale. Se si è all'interno dell'intervallo impostato il blocco funzionale imposta a vero la flag in uscita out.

La logica è mostrata nella figura sottostante fig. 2.4.2:

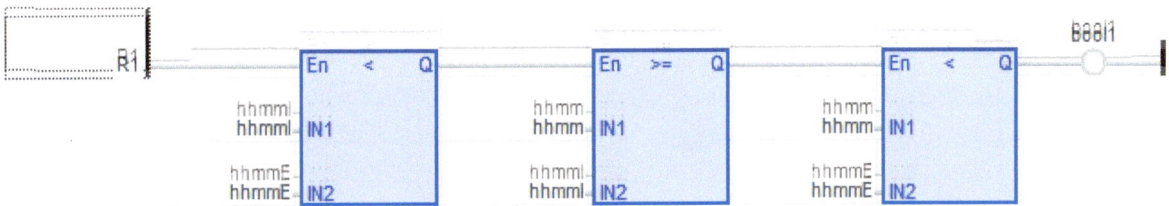

La prima riga inizializza a 1 la flag di uscita bool1 nel caso che sia impostato un tempo iniziale inferiore a quello finale e che il tempo attuale sia ricompreso nell'intervallo.

Le righe R2 e R3 testano se il tempo finale è inferiore a quello iniziale (funzionamento notturno a cavallo di due giorni) impostando a 1 rispettivamente bool2 se siamo nella notte del primo giorno e bool3 se sia al mattino del successivo come mostrato in fig. 2.4.3:

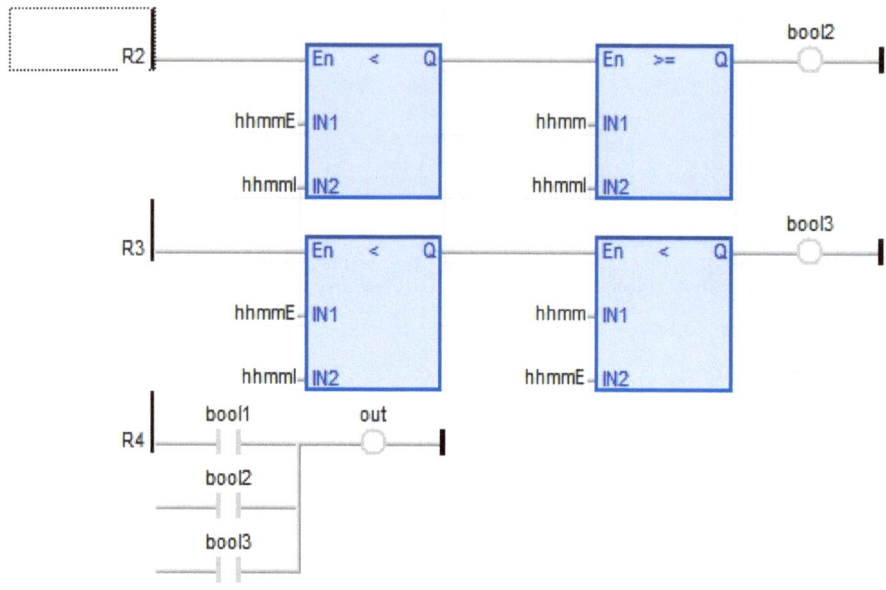

Infine R4 imposta l'uscita out se una qualsiasi delle tre flag precedenti è vera.

2.5 Il blocco funzione DayOfWeekEnabled

Motivazioni

Non tutte le coltivazioni vanno irrigate quotidianamente; spesso è necessario poter abilitare l'irrigazione di una particolare zona coltivata solo in alcuni giorni della settimana.

Logica PLC

Il blocco funzione prevede in ingresso un registro intero, dayOfWeek, contenente il numero ordinale del giorno della settimana (1=domenica, 2=lunedì,..., 7=sabato) nonché sette flag booleane di abilitazione, una per ogni giorno.

In uscita è prevista una sola flag booleana di abilitazione, out, come mostrato in fig. 2.5.1.

```
□ FB DayOfWeekEnabled
   dayOfWeek   INT    IN
   mon         BOOL   IN
   tue         BOOL   IN
   wed         BOOL   IN
   thu         BOOL   IN
   fri         BOOL   IN
   sat         BOOL   IN
   sun         BOOL   IN
   dowEnabled  BOOL   OUT
```

La logica è abbastanza semplice. La flag in uscita viene inizialmente resettata nella riga R1 come mostrato in fig. 2.5.2.

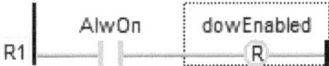

Le sette righe successive abilitano la flag di uscita se la corrispondente flag in ingresso è abilitata come mostrato in fig. 2.5.3.

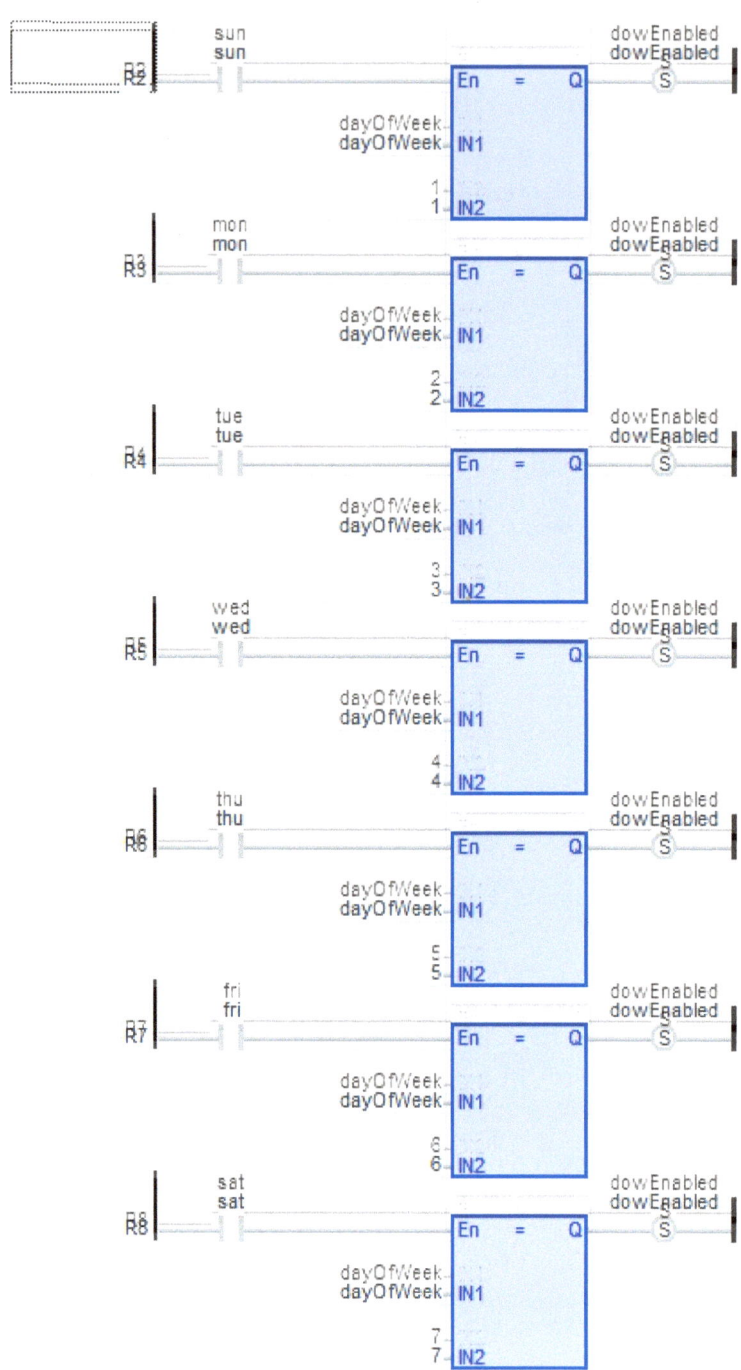

2.6 Il blocco funzione Zone

Motivazioni

Negli impianti di irrigazione così come in altre tipologie analoghe è spesso necessario abilitare il funzionamento di una certa utenza in prefissati giorni della settimana e in particolare intervallo temporale.

Il blocco Zone fornisce tale funzionalità componendo un blocco funzione Load1Enable e un blocco funzione DayOfWeekEnabled. In più esso gestisce pure sia il comando locale da HMI che un eventuale comando locale da Scada.

Logica PLC

Il blocco funzione prevede, come mostrato in fig. 2.6.1., in ingresso sei registri interi: ScdCmd e LocCmd, rispettivamente per i comandi da Scada e locale, Starthh e Startmm per l'orario di inizio abilitazione, Stophh e Stopmm per l'orario di fine abilitazione.

Seguono le sette flag booleane di abilitazione, una per ogni giorno.

In uscita è prevista una sola flag booleana di abilitazione, out.

```
Zone
 ScdCmd    INT     IN
 LocCmd    INT     IN
 Starthh   INT     IN
 Startmm   INT     IN
 Stophh    INT     IN
 Stopmm    INT     IN
 zMon      BOOL    IN
 zTue      BOOL    IN
 zWed      BOOL    IN
 zThu      BOOL    IN
 zFri      BOOL    IN
 zSat      BOOL    IN
 zSun      BOOL    IN
 Out       BOOL    OUT
```

Internamente sono previste, come mostrato in fig. 2.6.2, le seguenti variabili e blocchi funzionali richiamati, il cui significato sarà chiarito nella discussione della logica di funzionamento:

```
RemAuto       BOOL
RemStop       BOOL
RemStart      BOOL
LocScd        BOOL
LocZero       BOOL
LocStart      BOOL
Start         BOOL
ZoneEnable1   Load1Enable
StartTime     TimeValidator
StopTime      TimeValidator
StartHHMM     INT
StopHHMM      INT
Go            BOOL
DowEnabled    BOOL
DowZone       DayOfWeekEnabled
```

La logica inizia con un doppio richiamo al blocco funzionale TimeValidator effettuato con le righe R1 - R2, come mostrato in fig. 2.6.3.

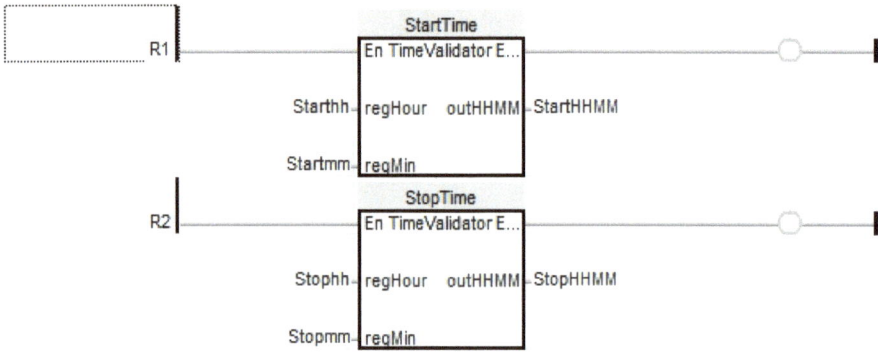

I valori in uscita dai due blocchi vengono utilizzati in ingresso al blocco Load1Enable richiamato alla riga R3 per settare la variabile interna Go, come mostrato in fig. 2.6.4.

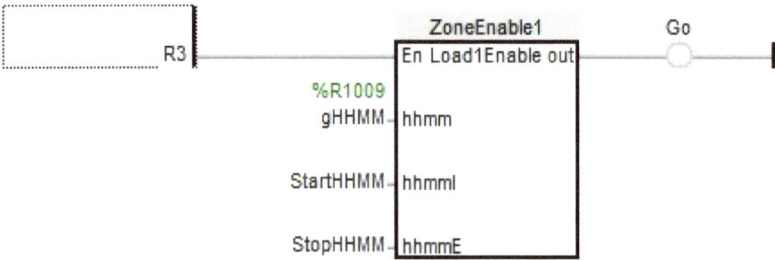

Si passa poi al richiamo nella riga 4 del blocco funzionale DayOfWeekEnabled per settare la variabile interna DowEnabled, come mostrato in fig. 2.6.5.

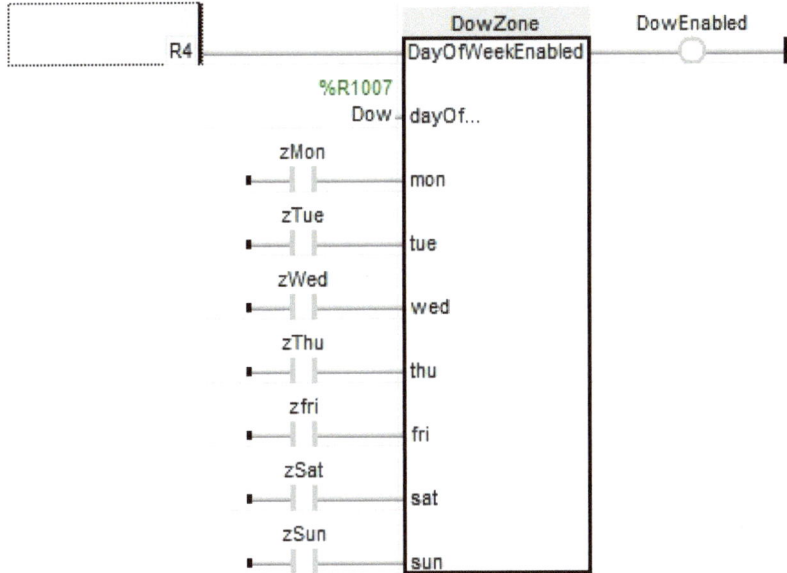

Le successive righe R5-R7 settano delle variabili interne per la gestione del comando remoto, come mostrato in fig. 2.6.6;

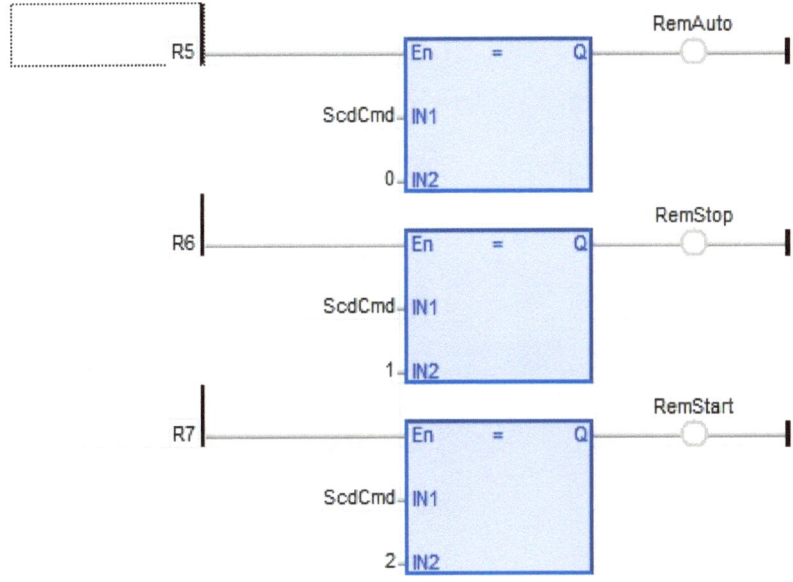

mentre le analoghe R8-R10 fanno lo stesso per il comando locale da HMI, come mostrato in fig. 2.6.7.

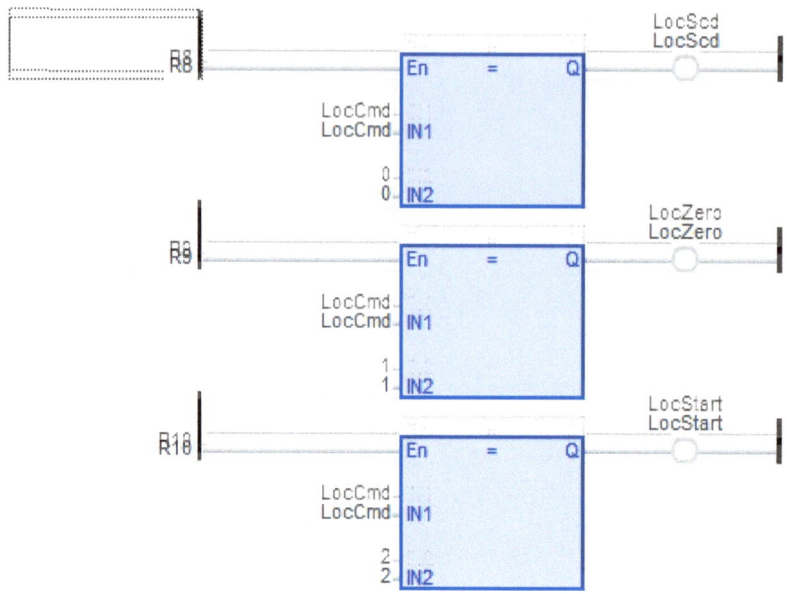

I comandi locale e remoto vengono combinati, nella riga R11, per ottenere la flag intermedia Start come mostrato in fig. 2.6.8.

Infine tutte le variabili intermedie vengono combinate per ottenere la flag di uscita out come mostrato in fig. 2.6.9:

L'interfaccia HMI

L'interfaccia HMI di Zone è mostrata in fig. 2.6.10:

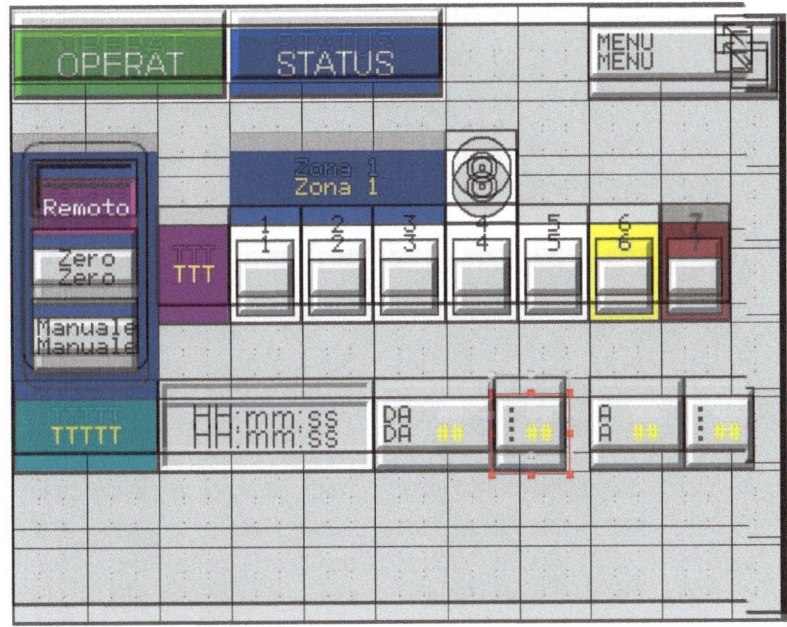

Iniziando da sinistra a destra abbiamo il controllo di comando locale che permette di scegliere tra le tre opzioni: Remoto, Zero e Manuale.

Subito sotto abbiamo il testo di decodifica del comando remoto.

Al centro abbiamo l'indicatore dell'attivazione della zona.

Subito sotto a sinistra abbiamo la casella di testo di decodifica del giorno della settimana seguita a destra da sette caselle per la abilitazione dei singoli giorni della settimana.

Infine al centro abbiamo l'indicatore del tempo attuale e le caselle per impostare il tempo di inizio e quello di fine abilitazione della zona.

La configurazione del selettore di comando locale è mostrata in fig. 2.6.11.

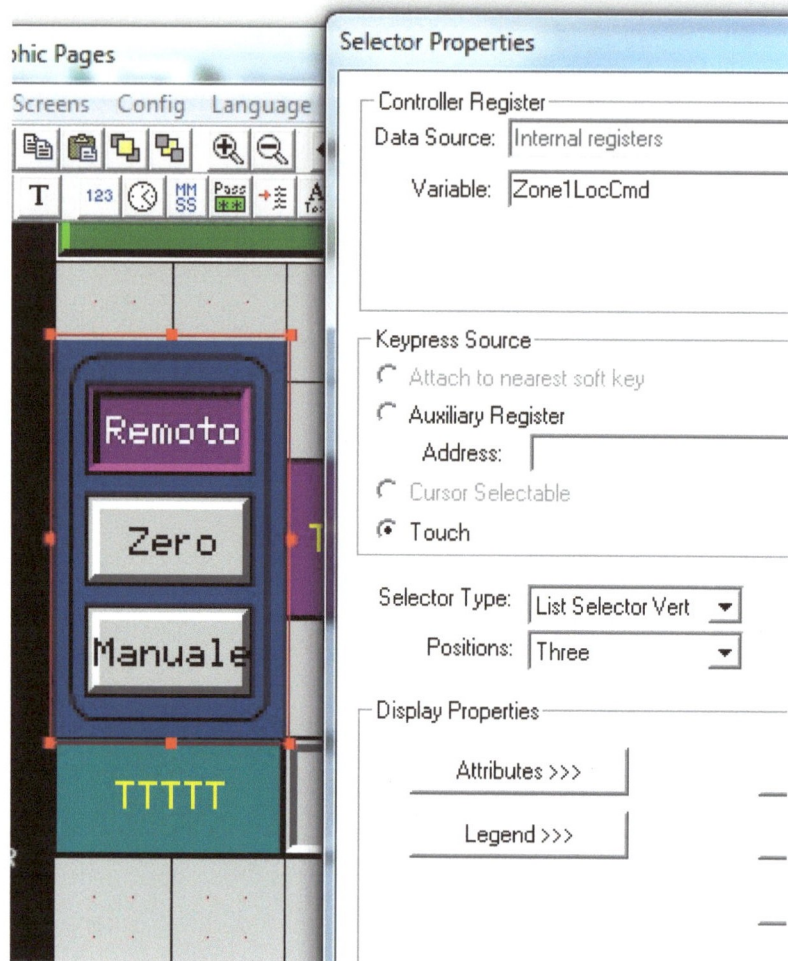

La decodifica della casella di testo per il comando remoto (AUT, STOP, e START) è mostrata in fig. 2.6.12.

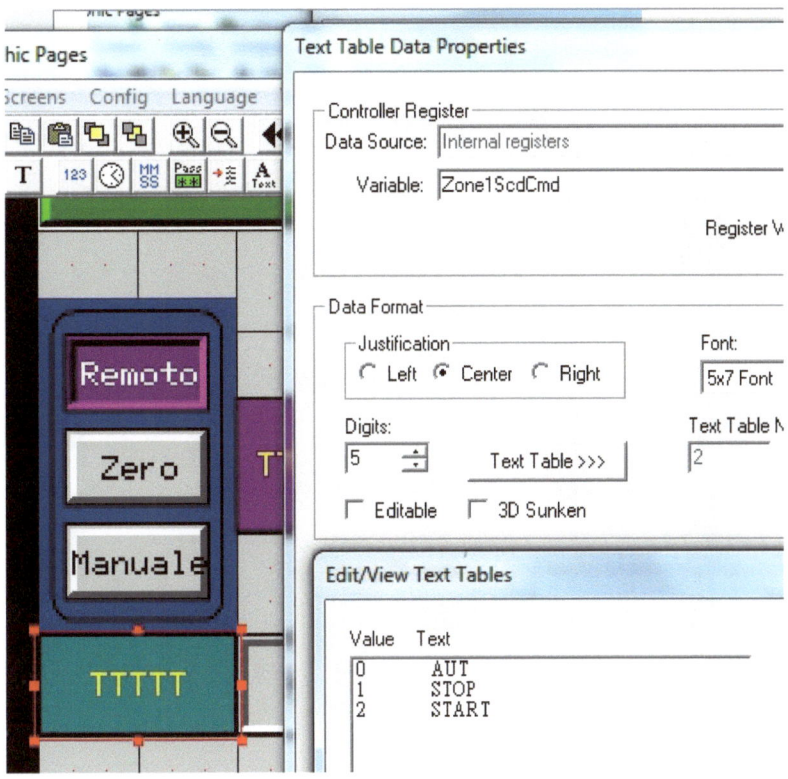

L'indicatore di abilitazione è mostrata in fig. 2.6.13. Quando la zona è abilitata l'indicatore passa dal colore grigio al colore verde.

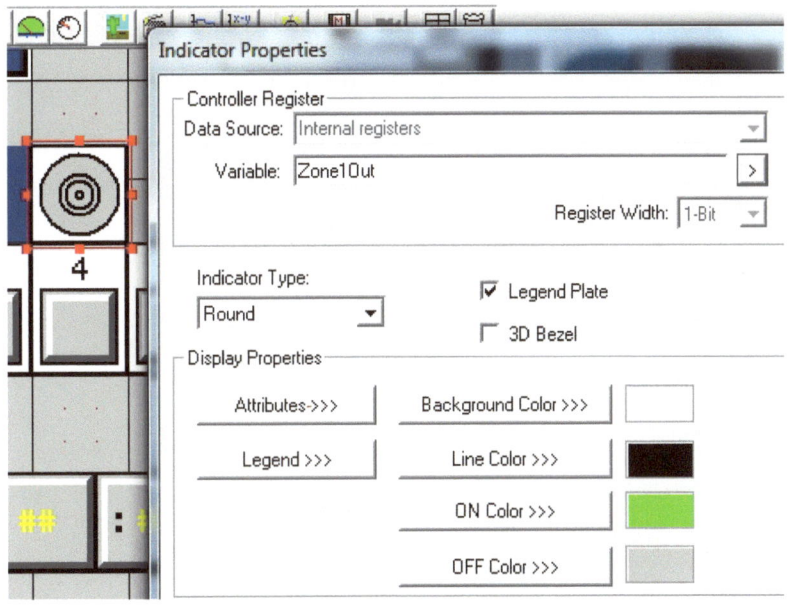

La decodifica della casella di testo per il giorno della settimana è mostrata in fig. 2.6.14.

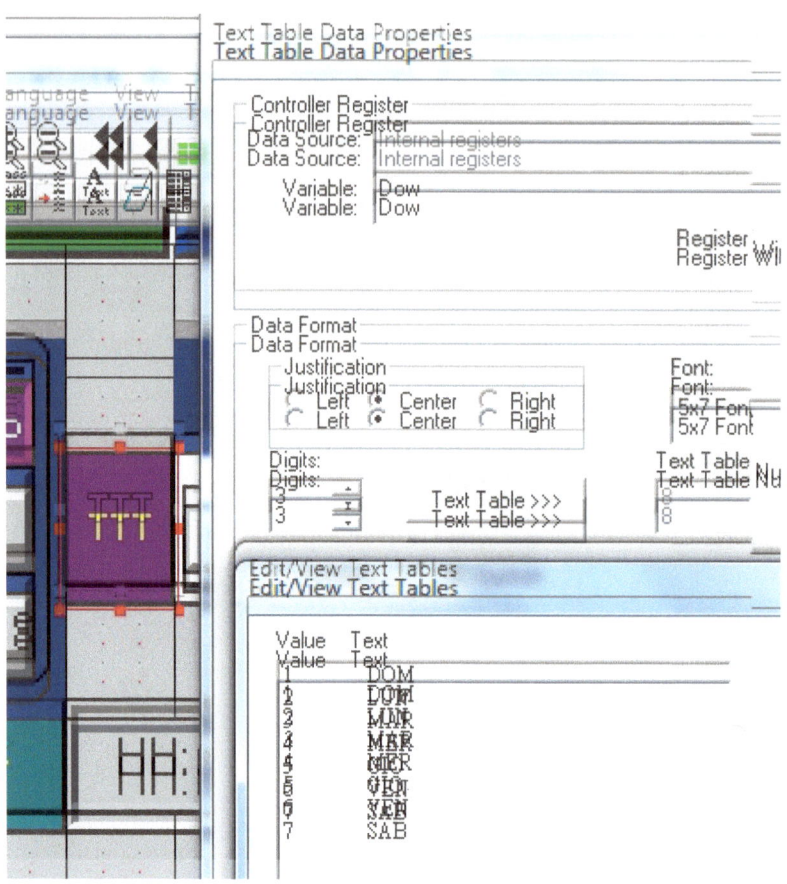

I singoli giorni della settimana sono abilitati come mostrato, nel caso di lunedì, in fig. 2.6.15. L'azione del controllo Switch è di tipo Toggle (commutazione tra On e Off ad ogni pressione del tasto).

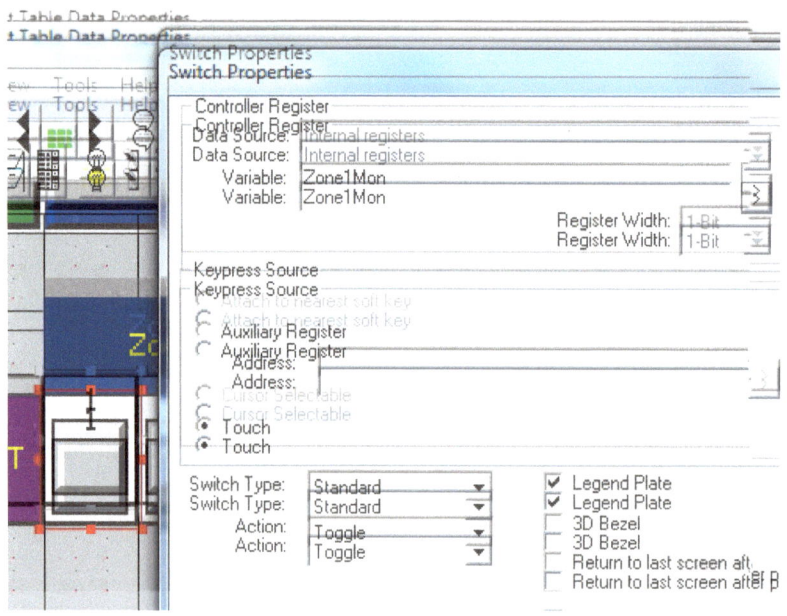

L'ora attuale è visualizzata con un controllo grafico Time Data, impostato come non editabile, come mostrata in fig. 2.6.16.

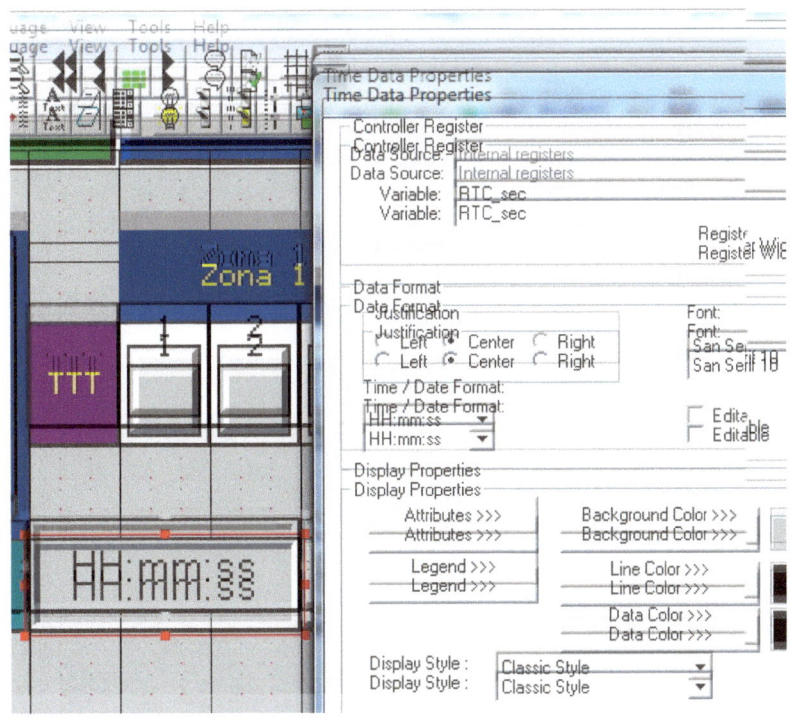

Infine la programmazione della abilitazione della zona all'interno di intervalli temporali definiti per uno stesso giorno (esempio dalle 6:30 alle 15:00) o perfino a cavallo della mezzanotte e quindi con inizio nella sera di un giorno e fine al mattino del giorno successivo (esempio dalle 21:30 alle 6:00) è mostrata in fig. 2.6.17 per l'ora iniziale;

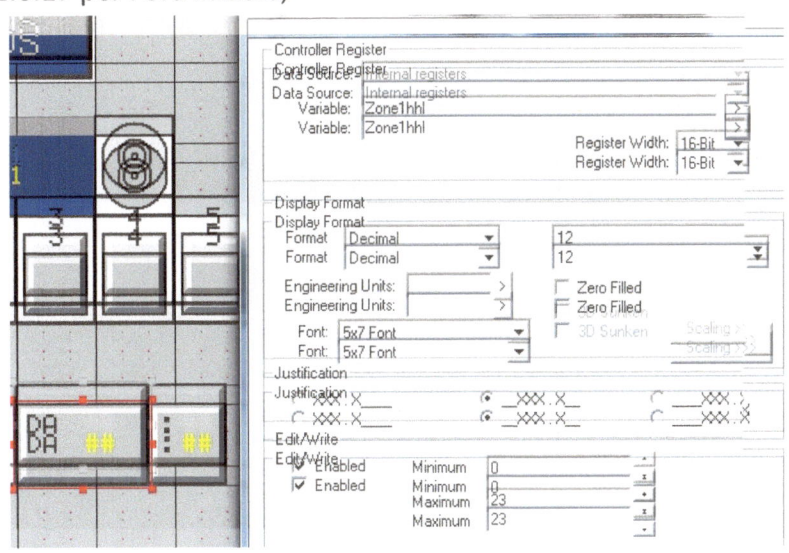

ed in fig. 2.6.18 per quel che riguarda i minuti iniziali.

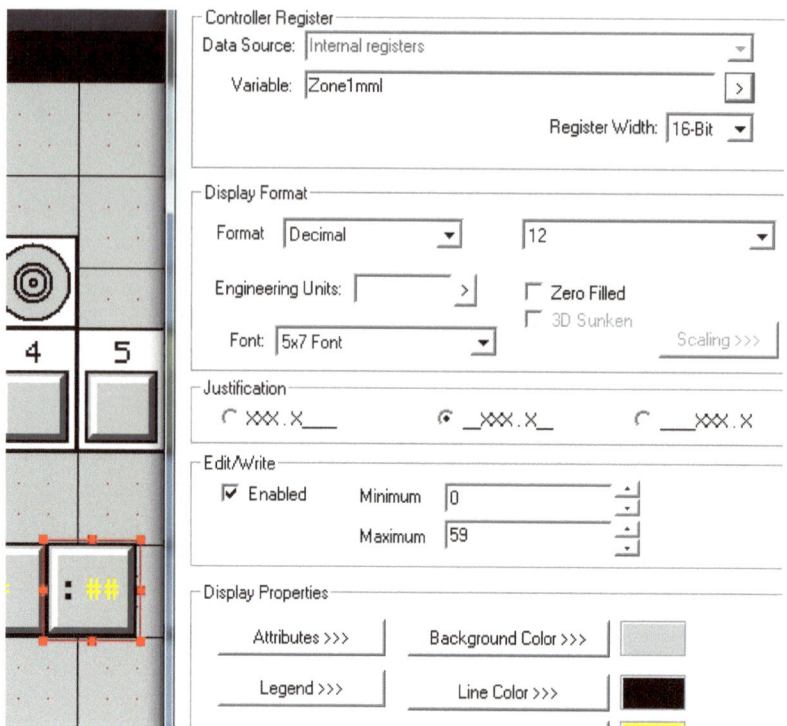

L'intervallo finale è configurato allo stesso modo.

2.7 Il blocco funzione Load3Enable

Motivazioni

Il blocco funzione Load3Enable gestisce la programmazione di ben tre intervalli temporali distinti contemporaneamente all'interno della stessa giornata.

E' utilizzato dal blocco funzione Room, trattato nel capitolo successivo, per configurare delle vere e proprie tabelle di occupazione molto importanti per l'automazione di impianti di climatizzazione estiva / invernale o per controllo accessi in applicazioni residenziali.

Logica PLC

Le variabili del blocco sono riportate nella tabella sottostante (fig.2.7.1).

```
□ FB Load3Enable
  hhmm        INT          IN
  hhmmI1      INT          IN
  hhmmE1      INT          IN
  hhmmI2      INT          IN
  hhmmE2      INT          IN
  hhmmI3      INT          IN
  hhmmE3      INT          IN
  out         BOOL         OUT
  out1        BOOL
  out2        BOOL
  out3        BOOL
  test1       Load1Enable
  test2       Load1Enable
  test3       Load1Enable
```

La logica è mostrata nella figura sottostante fig. 2.7.2. Le righe R1-R3 effettuano il richiamo di tre blocchi funzionali Load1Enable associando il parametro di ingresso hhmm alla variabile globale gHHMM precedentemente impostata dalla subroutine RTC.

La riga R4 sintetizza l'analisi dei tre periodi abilitando l'uscita del blocco se almeno uno degli intervalli è rispettato come mostrato in fig. 2.7.3:

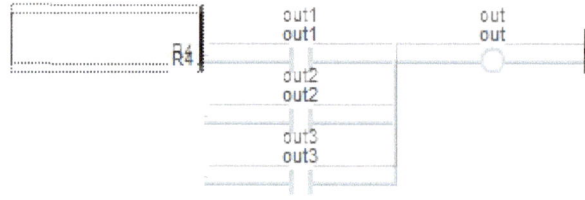

2.8 Il blocco funzione Room

Motivazioni

Negli impianti di automazione di impianti di climatizzazione estiva / invernale e in quelli di controllo accessi in applicazioni residenziali è indispensabile poter configurare delle vere e proprie tabelle di occupazione, con valori di orario distinti per le varie fasce settimanali: giorni feriali, sabato e domenica. Per ognuna delle suddette fasce è possibile configurare fino a tre periodi temporali di abilitazione. Gli intervalli temporali eventualmente non utilizzati vengono impostati al valore 0.

Logica

La tabella delle variabili utilizzate è abbastanza ampia.

Abbiamo innanzitutto i parametri di ingresso degli inizi degli intervalli temporali come mostrato in fig. 2.8.1:

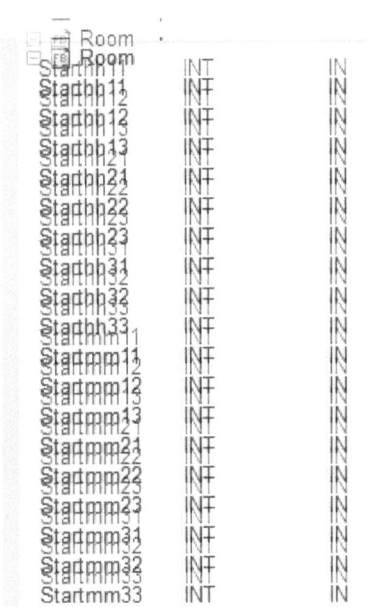

Seguono i parametri di ingresso delle cessazioni degli intervalli temporali come mostrato in fig. 2.8.2:

Stophh11	INT	IN
Stophh12	INT	IN
Stophh13	INT	IN
Stophh21	INT	IN
Stophh22	INT	IN
Stophh23	INT	IN
Stophh31	INT	IN
Stophh32	INT	IN
Stophh33	INT	IN
Stopmm11	INT	IN
Stopmm12	INT	IN
Stopmm13	INT	IN
Stopmm21	INT	IN
Stopmm22	INT	IN
Stopmm23	INT	IN
Stopmm31	INT	IN
Stopmm32	INT	IN
Stopmm33	INT	IN

Si passa poi ai comandi remoto e locale per finire con la variabile di uscita booleana out come mostrato in fig. 2.8.3.

ScdCmd	INT	IN
LocCmd	INT	IN
Out	BOOL	OUT

Le variabili interne ed i blocchi richiamati nelle righe di logica seguenti sono omesse per motivi di spazio.

Logica PLC

La logica inizia con sei richiami di blocchi funzionali TimeValidator per gli orari della fascia temporale dei giorni feriali come mostrato in fig. 2.8.4.

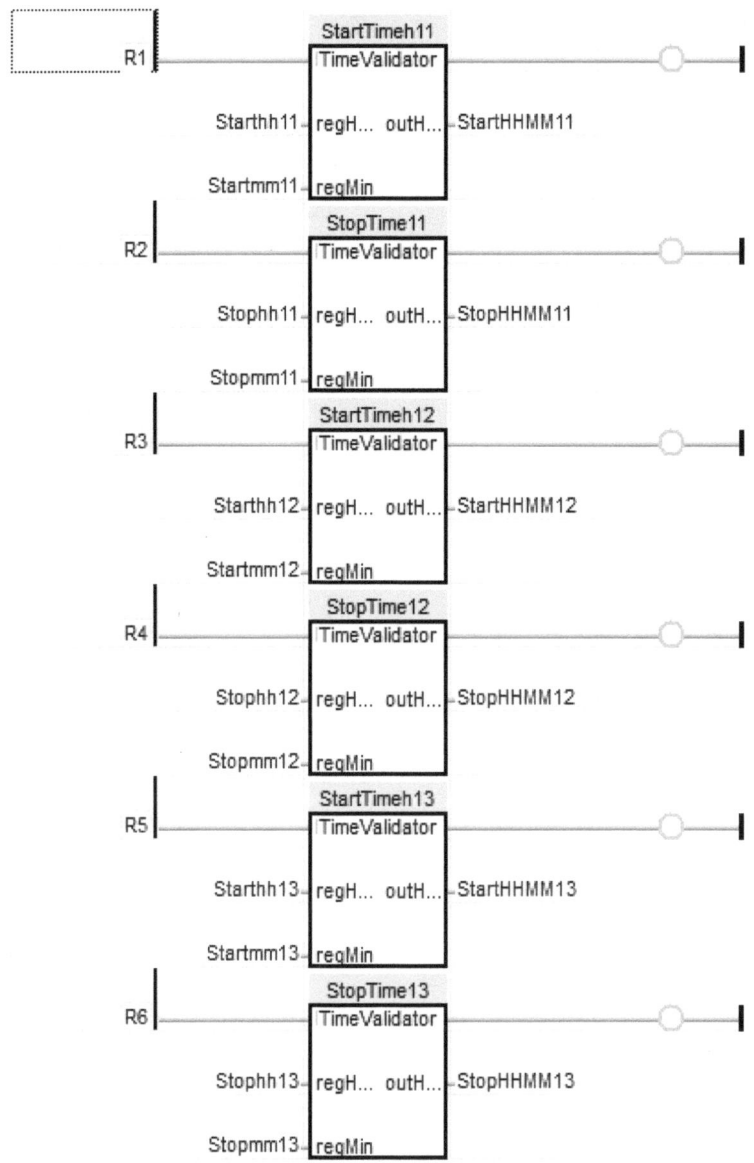

Seguono altrettanti richiami per la fascia temporale del sabato come mostrato in fig. 2.8.5.

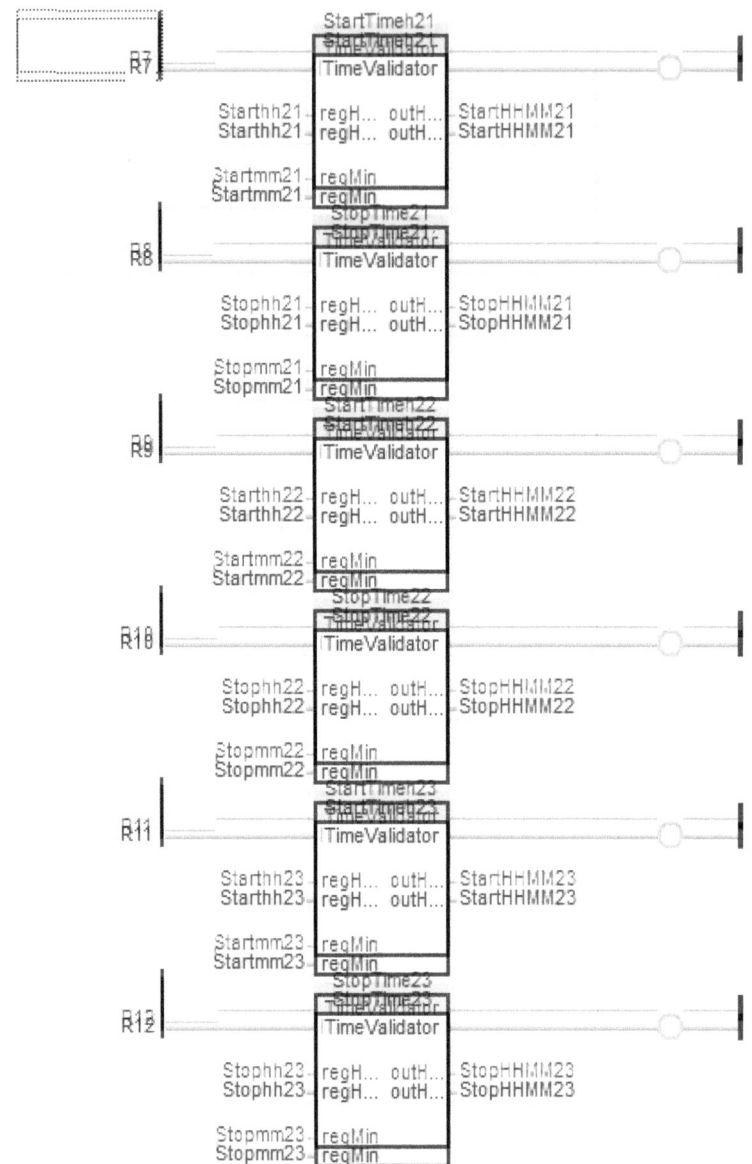

E della domenica come mostrato in fig. 2.8.6.

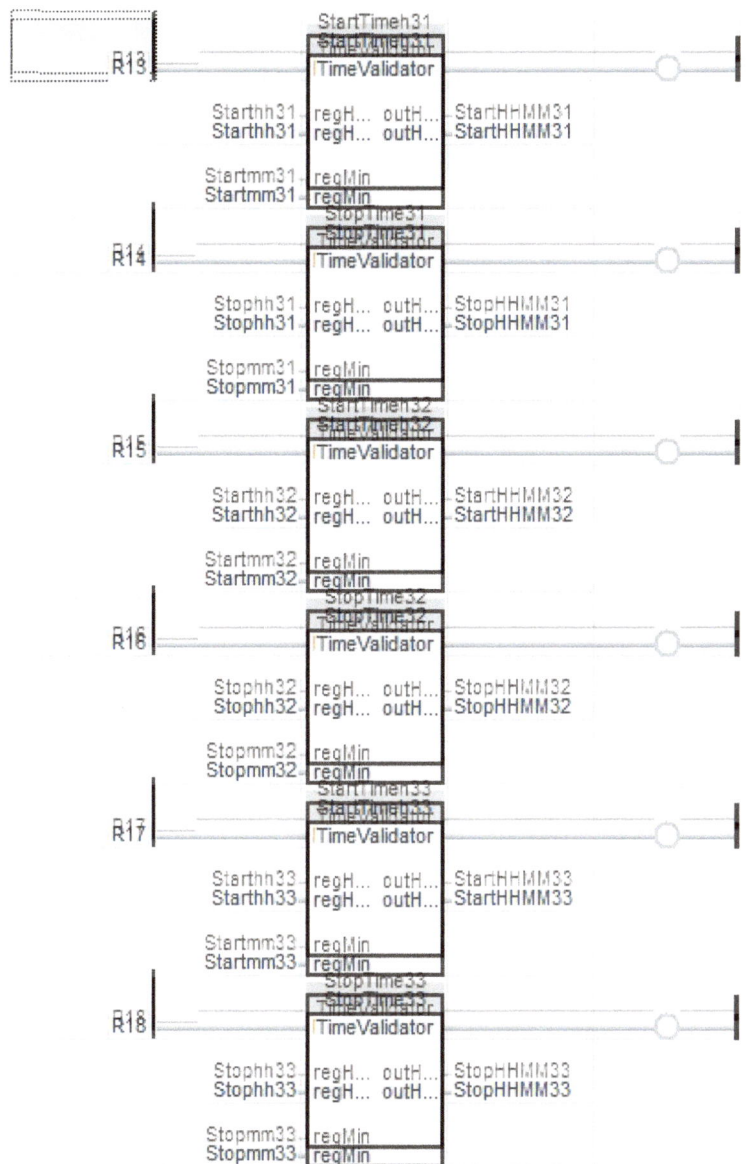

Si passa quindi a testare le abilitazioni orarie dei periodi della fascia feriale come mostrato in fig. 2.8.7:

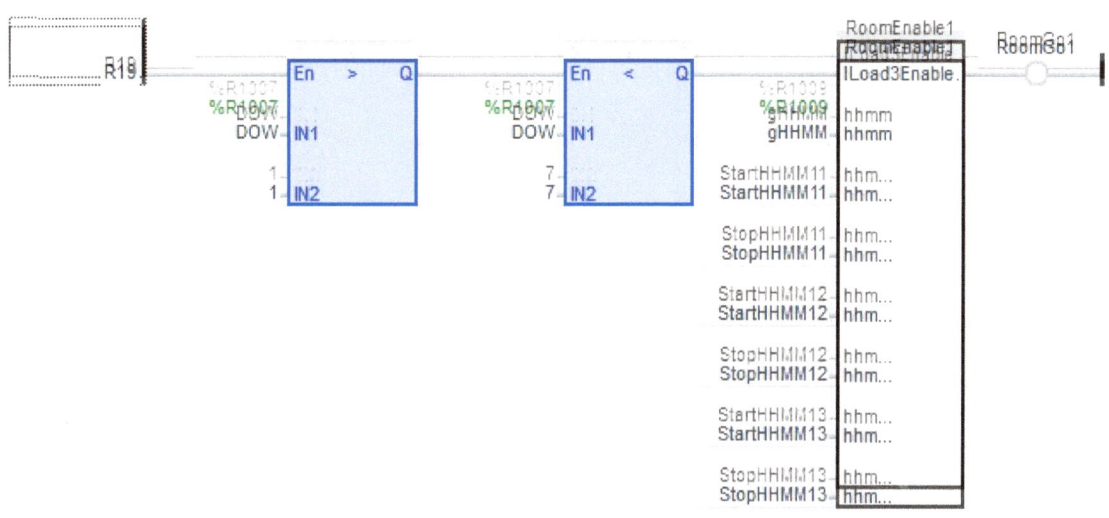

Poi quelli del sabato come mostrato in fig. 2.8.8.

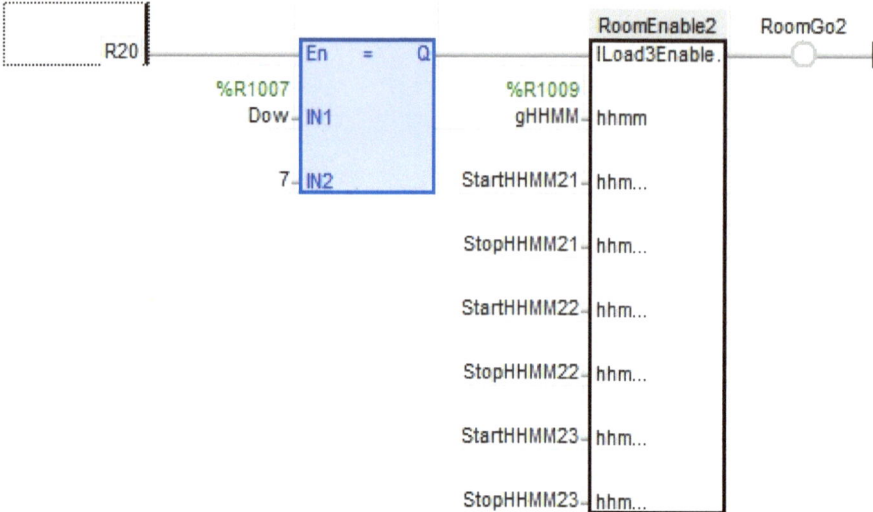

Ed infine quelli della domenica come mostrato in fig. 2.8.9.

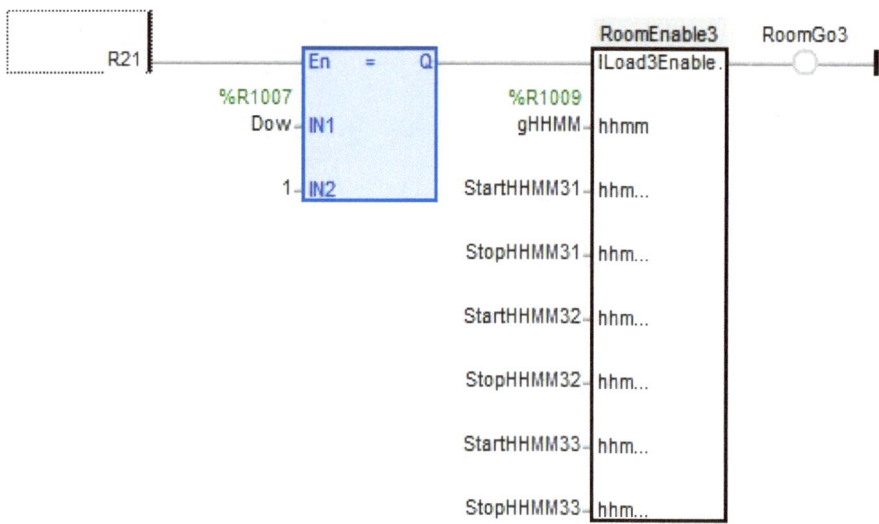

Combinando poi il tutto nella riga come mostrato in fig. 2.8.10.

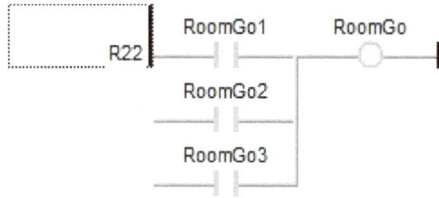

Le successive righe R23-R25 settano delle variabili interne per la gestione del comando remoto, come mostrato in fig. 2.8.11;

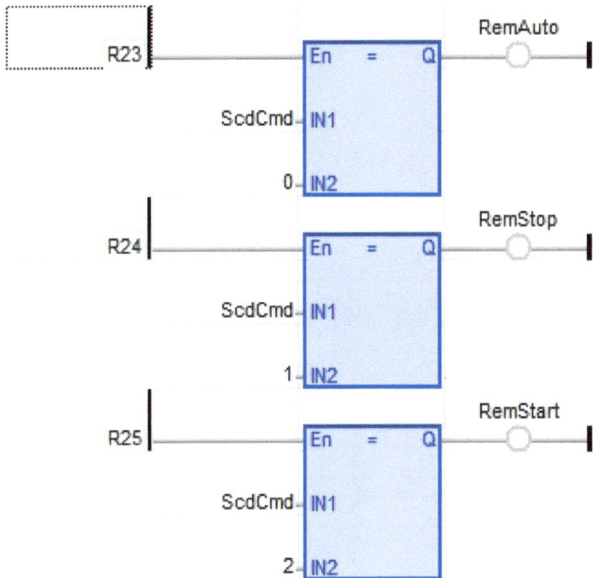

mentre le analoghe R26-R28 fanno lo stesso per il comando locale da HMI, come mostrato in fig. 2.8.12.

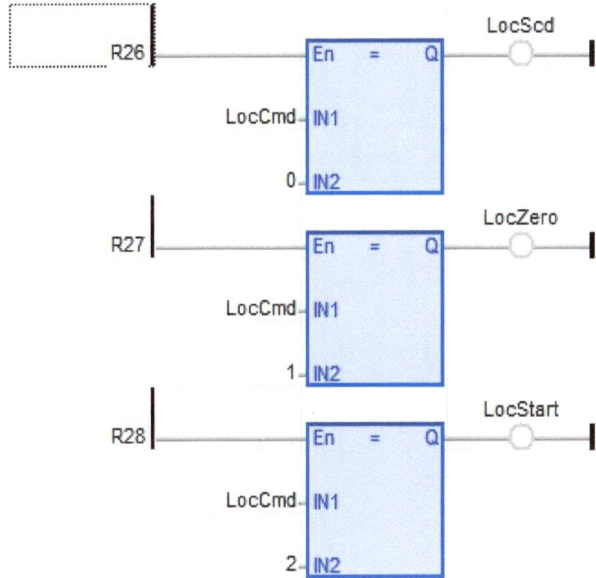

I comandi locale e remoto vengono combinati, nella riga R29, per ottenere la flag intermedia Start come mostrato in fig. 2.8.13.

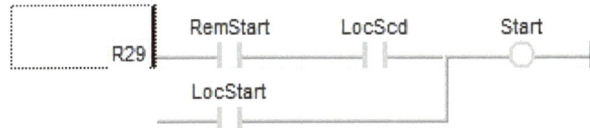

Infine tutte le variabili intermedie vengono combinate per ottenere la flag di uscita out come mostrato in fig. 2.8.14.

L'interfaccia HMI

L'interfaccia HMI di Zone è mostrata in fig. 2.8.15:

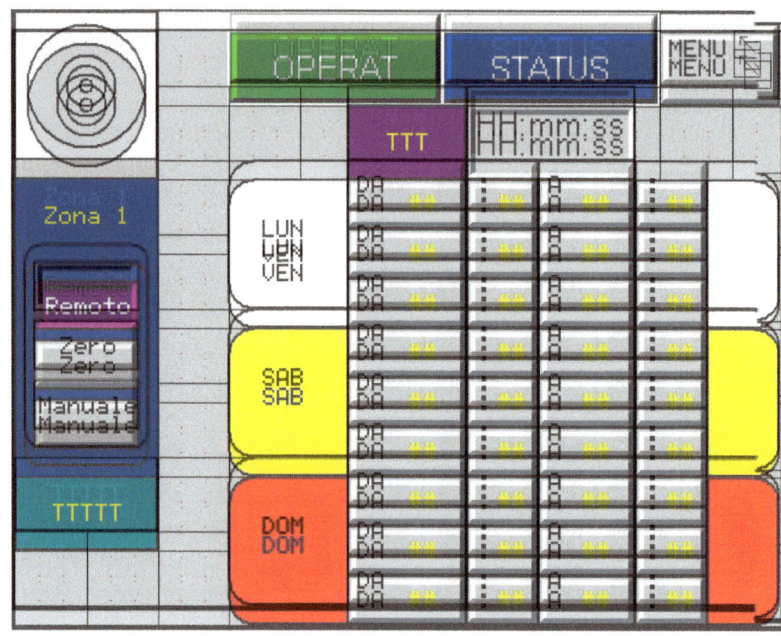

Si tratta essenzialmente della riproposizione della maggior parte dei tipi di controllo già analizzati per Zone. Per motivi di spazio la trattazione dei singoli controlli è pertanto omessa.

3. Gli esempi concreti

3.1 Utilizzo in un impianto di irrigazione

L'impianto di irrigazione è costituito da una stazione di pompaggio equipaggiata con due pompe gemellate, di cui una normalmente in funzione e l'altra di riserva.

Sono presenti quattro zone di irrigazione. Ciascuna zona viene alimentata da una elettrovalvola pilotata da una uscita del PLC.

Il programma main della logica di controllo di un impianto di irrigazione inizia con il richiamo della subroutine Real Time Clock che imposta le variabili globali come mostrato in fig. 3.1.1.

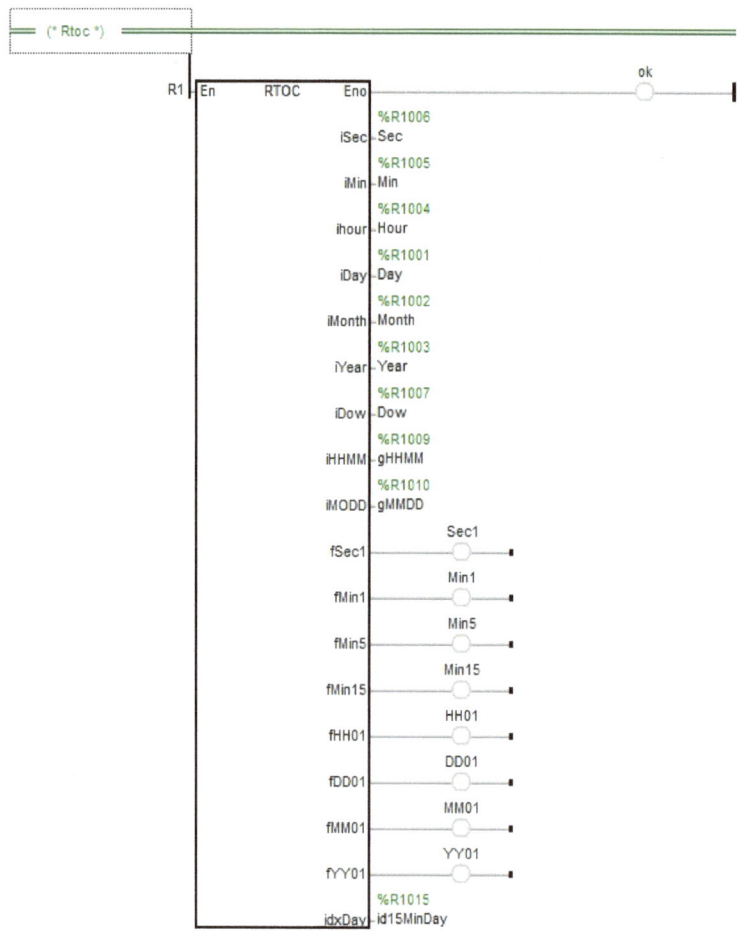

Segue il richiamo della subroutine VirtualDi, come mostrato in fig. 3.1.2, il cui scopo è stato descritto nel quaderno nr.1 della presente collana a cui si rimanda

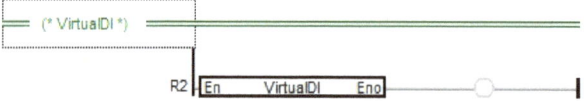

Si passa quindi al richiamo della subroutine zones il cui compito è essenzialmente effettuare il richiamo delle zone presenti nell'impianto.

La subroutine provvederà a settare le variabili globali ZoneXOut (con X = 1, 2, ...) per ciascuna zona presente come mostrato in fig. 3.1.3.

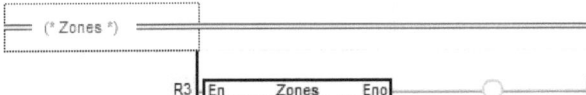

I valori delle variabili ZoneXOut vengono accorpati per impostare la variabile globale EpSeqStart come mostrato in fig. 3.1.4.

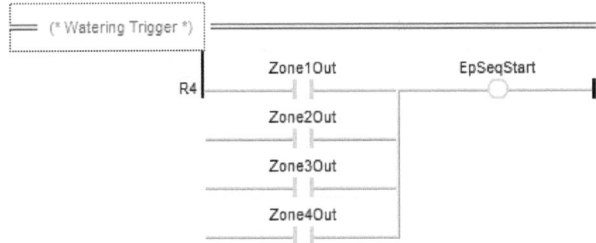

Successivamente viene richiamata la subroutine WaterEPumps. Questa subroutine contiene il richiamo ad un blocco di sequenziatore gemellare TwinSeq illustrato nel quaderno nr. 3 della collana e da due blocchi ElectricMotor (vedi quaderno nr. 1) per pilotare ciascuna delle due pompe gemellate dell'impianto.

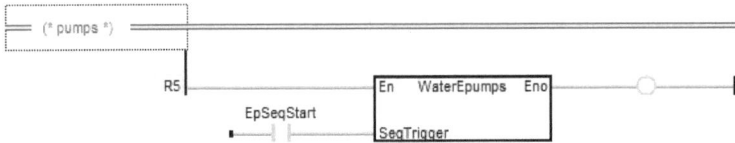

L'associazione delle uscite fisiche del PLC alle variabili globali di uscita è gestita dalla subroutine VirtualDO (vedi quaderno nr. 1).

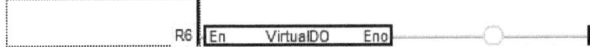

3.2 Utilizzo in un impianto di riscaldamento

L'impianto di riscaldamento è costituito da una centrale termica equipaggiata con due caldaie.

Ciascuna caldaia è equipaggiata con una pompa di circolazione primaria.

Sono presenti quattro zone di riscaldamento. Ciascuna zona viene alimentata da un gruppo di circolazione secondario equipaggiato con pompe gemellari.

Sono presenti tre trasmettitori di temperatura con uscita 4-20 mA: i primi due posti sul collettore di mandata e su quello di ritorno dell'acqua calda del circuito primario mentre il terzo è installato sul collettore di mandata del circuito secondario. Quest'ultima

La logica di gestione del circuito primario prevede che se vi è una qualche utenza abilitata viene avviata una delle due caldaie con criterio di rotazione ciclica.

Ad utenze arrestate tutte le caldaie vengono arrestate. A onor del vero è prevista una circolazione primaria di acqua, a bruciatore fermo, in modo da portare progressivamente la caldaia a temperatura prossima a quella ambiente.

Nel periodo di avviamento se la temperatura di mandata alle utenze scende al di sotto di un valore prefissato, segno di una produzione di acqua calda insufficiente, viene avviata anche la seconda caldaia. Quando la differenza di temperatura tra mandata e ritorno del circuito primario diminuisce sotto un valore prefissato, segno che la produzione di acqua calda è diventa esuberante, la seconda caldaia viene arrestata.

La logica di gestione del circuito secondario prevede che se una zona risulta abilitata, in base alla logica del corrispondente blocco funzionale Room, allora l'uscita out del blocco viene usato come ingresso trigger al blocco Mot2Seq sequenziatore di pompe gemellari.

Si riporta per semplicità la implementazione della sola parte relativa al circuito secondario.

Il programma main della logica di controllo di un impianto di riscaldamento inizia con il richiamo della subroutine Real Time Clock che imposta le variabili globali come mostrato in fig. 3.2.1:

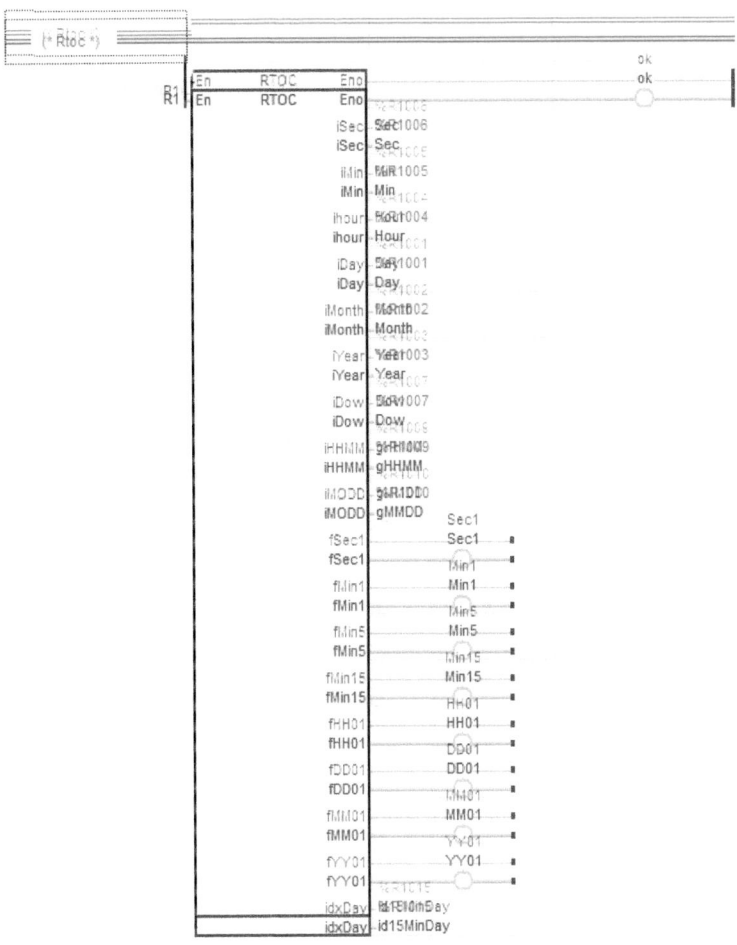

Segue il richiamo della subroutine VirtualDi, come mostrato in fig. 3.2.2; il cui scopo è stato descritto nel quaderno nr.1 della presente collana a cui si rimanda

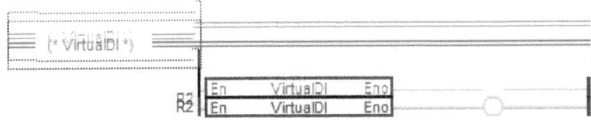

Si passa quindi al richiamo della subroutine Rooms il cui compito è essenzialmente effettuare il richiamo delle N zone climatizzate presenti nell'impianto.

La subroutine provvederà a settare le variabili globali RoomXOut (con X = 1, 2, ...) per ciascuna zona presente come mostrato in fig. 3.1.3:

I valori delle variabili RoomOutX vengono utilizzati per impostare le variabili globale EpSeqStartX come mostrato in fig. 3.1.4:

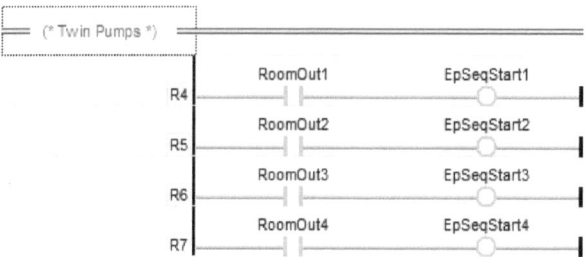

Successivamente viene richiamata le subroutine EPumpsX. Ciascuna di queste subroutine contiene il richiamo ad un blocco di sequenziatore gemellare TwinSeq illustrato nel quaderno nr. 3 della collana e da due blocchi ElectricMotor (vedi quaderno nr. 1) per pilotare ciascuna delle due pompe gemellate dell'impianto.

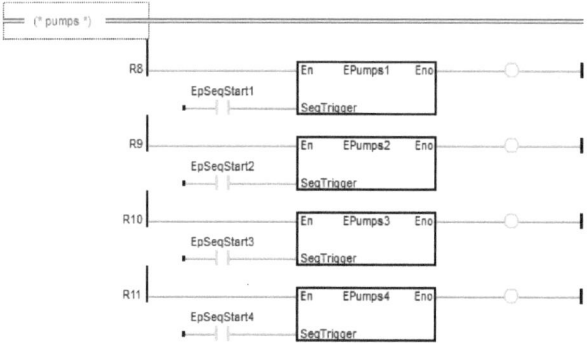

Segue la logica di gestione del circuito primario che omettiamo per semplicità in considerazione del fatto che non vengono utilizzati i blocchi analizzati in questo quaderno.

L'associazione delle uscite fisiche del PLC alle variabili globali di uscita verrà poi gestita dalla subroutine VirtualDO (vedi quaderno nr. 1).

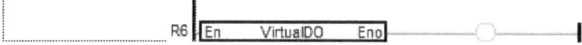

4. Conclusioni

Siamo giunti alla fine del nostro quarto quaderno. Con le nozioni apprese fin qui dai quaderni precedenti riguardanti lo

sviluppo delle logiche di monitoraggio e controllo di grandezze fisiche, di quelle di sequenza e quelle di controllo macchinari e con l'aggiunta della gestione delle funzioni di orologio/datario e quelle di gestione delle zone si è già in grado di automatizzare agevolmente la gran parte di impianti tecnologici quali centrali idriche, termiche, di

climatizzazione e di refrigerazione.

Colgo l'occasione, per chi volesse approfondire la materia, di presentare tutti gli altri titoli della collana "Ricette di automazione", disponibili in formato "kindle" e cartaceo su Amazon:

1) Logiche PLC e schermate HMI per l'automazione di Motori Elettrici: Un approccio pratico al monitoraggio e controllo di motori elettrici con l'utilizzo del linguaggio IEC61131-3 Ladder Logic (RICETTE DI AUTOMAZIONE Quaderno 1)

2) Logiche PLC e schermate HMI per l'automazione dei Sensori 4-20mA: Un approccio pratico alla misura e regolazione di grandezze fisiche con l'utilizzo del linguaggio IEC 61131-3 Ladder Logic (RICETTE DI AUTOMAZIONE Quaderno 2)

3) Logiche PLC e schermate HMI per l'automazione dei Sequenziatori Macchinari: Un approccio pratico all'automazione di sequenziatori gemellari e paralleli con l'utilizzo del linguaggio IEC 61131 - 3 Ladder Logic

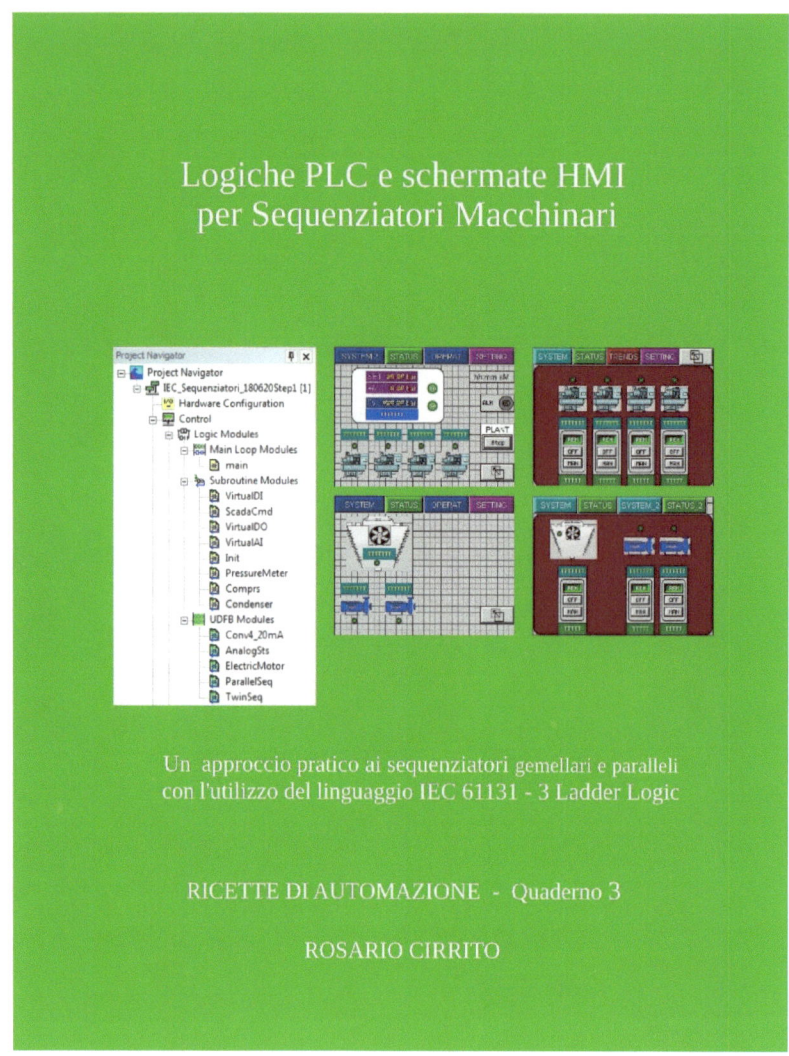

4) Logiche PLC e schermate HMI per Gestione Ruoli Utente: Un approccio pratico alla autenticazione / autorizzazione degli utenti con l'utilizzo del linguaggio IEC 61131-3 Ladder (RICETTE DI AUTOMAZIONE Quaderno 5)

5) PLC - HMI Ricette per Automazione Impianti: La più completa raccolta delle migliori soluzioni IEC 61131-3 per l'automazione di impianti tecnologici (RICETTE DI AUTOMAZIONE Quaderno 6)

nonché quelli della collana "Automazione degli impianti tecnologici", anche essi disponibili nei due formati:

1) PLC - HMI per Stazioni di sollevamento acque reflue e meteoriche: Una guida completa all'hardware e software IEC 61131-3 necessari per l'implementazione di una stagione di pompaggio equipaggiata con quattro pompe sommergibili (AUTOMAZIONE DEGLI IMPIANTI TECNOLOGICI Volume 1)

2) PLC - HMI per Gruppi di Pressurizzazione: Logiche IEC 61131-3 e schermate HMI per l'automazione di un gruppo con quattro elettropompe (AUTOMAZIONE DEGLI IMPIANTI TECNOLOGICI Vol. 2)

A tutti un augurio sincero di buon lavoro!

www.ingramcontent.com/pod-product-compliance
Lightning Source LLC
Chambersburg PA
CBHW051920210526
45473CB00006B/2086